国家级职业教育规划教材
全国高等职业院校电子商务专业教材

# 短视频
# 制作与运营

鞠萍◎主编

中国劳动社会保障出版社

## 简　介

本教材为全国高等职业院校电子商务专业教材，由人力资源社会保障部教材办公室组织编写。教材主要介绍了短视频在电子商务中的应用、短视频制作前期准备、短视频拍摄、短视频剪辑制作、短视频内容推广、短视频数据统计与分析、短视频制作案例等内容。

本教材以“模块—学习单元”形式编写，语言简练通俗，内容图文并茂，易于学生理解并将理论知识转化为实践操作，从而适应职业岗位的需要。

本教材由鞠萍任主编，韩冰、何程程、商松岩、贾婧文、林栋参与编写。

**图书在版编目（CIP）数据**

短视频制作与运营 / 鞠萍主编. -- 北京：中国劳动社会保障出版社，2024
全国高等职业院校电子商务专业教材
ISBN 978-7-5167-6496-1

Ⅰ. ①短… Ⅱ. ①鞠… Ⅲ. ①视频制作－高等职业教育－教材②网络营销－高等职业教育－教材 Ⅳ. ①TN948.4②F713.365.2

中国国家版本馆 CIP 数据核字（2024）第 091224 号

**中国劳动社会保障出版社出版发行**
（北京市惠新东街 1 号　邮政编码：100029）
*
北京市科星印刷有限责任公司印刷装订　　新华书店经销
787 毫米 ×1092 毫米　16 开本　9 印张　192 千字
2024 年 5 月第 1 版　　2024 年 5 月第 1 次印刷
**定价：27.00 元**

营销中心电话：400-606-6496
出版社网址：http://www.class.com.cn
http://jg.class.com.cn

# 前 言

近年来，我国电子商务取得显著成就，电子商务已经全面融入我国生产生活各领域，成为提升人民生活品质和推动经济社会发展的重要力量。电子商务的新业态、新模式发展也创造了大量新职业、新岗位，对电子商务从业人员的职业素质提出了新要求。为了培养更加符合电商技术领域和职业岗位（群）工作要求的高素质应用型人才，我们组织有关行业企业专家、职业院校电商专业学科带头人、骨干教师，依据电子商务师国家职业技能标准和企业实际需求，研发了这套全国高等职业院校电子商务专业教材。

新编写的教材具有以下主要特点：

### 1. 着眼电商企业新技术、新业态发展，构建满足企业用人需求的专业教材体系

本套教材立足电商企业技术服务与运营推广的岗位架构，围绕电商直播、短视频制作与推广、跨境电子商务等新技术与新业态，构建了由专业基础课程教材、专业核心课程教材和专业拓展课程教材组成的教材体系，主要包括《电子商务基础》《电子商务法律法规》等专业基础课程教材，《商品图片拍摄与处理》《网店视觉设计》《网站设计与开发》等技术与服务类专业核心课程教材，《网店运营实务》《跨境电子商务实务》《电商直播》等运营与推广类专业核心课程教材，以及《电子商务会计》《电子商务物流》等专业拓展课程教材，以岗位工作为导向，以综合职业能力为核心，培养符合企业需求的电商应用型人才。

### 2. 积极创新教材编写模式，注重实践能力培养

在教材研发过程中，坚持产教融合、工学一体的职业教育理念，对于技术技能型课程，积极探索按照职业领域典型工作任务，以工作过程为主线，以综合职业能力为目标，体现项目导向、任务驱动、工学结合的教学设计。对于专业理论课程，则尽可能多地引入企业真实案例、素材等，以提高学生的工作实践能力。

### 3. 开发多种教学资源，提供优质教学服务

在教学服务方面，围绕主教材，配套开发电子课件和相应的习题册，并对重点核心课程开发操作演示视频、微课、素材库等数字资源，方便教师教学和学生自主学习。电

子课件及习题册答案可登录技工教育网（jg.class.com.cn）查询下载，数字化配套产品扫描书中二维码即可在线观看。

### 4. 丰富教材表现形式，提高教材可读性

教材的表现形式符合职业院校学生的认知规律。通过清晰的栏目设置，增强教材的表现力，并尽可能多地以图表代替大段冗长的文字叙述，使教学内容直观明了，降低学习难度。同时，对部分教材采用四色印刷，以增强教材内容的表现效果，提高教材的时代性和可读性。

本套教材的编写工作得到了有关学校的大力支持，教材的编审人员做了大量的工作，在此我们表示衷心的感谢！同时，恳切希望广大读者对教材提出宝贵的意见和建议。

人力资源社会保障部教材办公室

# 目　录

# 模块一　短视频在电子商务中的应用

**学习目标**

1. 了解短视频的概念、特点、类型
2. 掌握短视频在传统电商、企业、直播中的应用

## 学习单元 1　短视频概述

互联网和移动终端设备的发展为短视频的兴起提供了良好的基础，使其在互联网市场中获得了巨大的发展空间。如今，短视频已经成为互联网领域巨大的流量入口，人们对于短视频制作的热情也逐渐高涨。在进行短视频制作之前，创作者首先需要了解短视频的概念、特点和类型。

### 一、短视频的概念

短视频即短片视频，是继文字、图片和传统视频之后出现的一种新型互联网内容传播形式，是指以“秒”或者“分钟”为计时单位的一类时长较短的视频，其主要依托于移动终端实现快速拍摄和美化编辑，可以在移动状态下实现实时分享和观看。

### 二、短视频的特点

与图片、文字相比，短视频的表现方式更加直观且具有冲击力；与传统视频相比，短视频的节奏更快，更加符合人们对碎片化信息的需求，并且没有特定的表达形式和团队配置要求；与直播相比，短视频有更强的传播性。总结来看，短视频具有以下几方面的特点。

### 1. 短小精悍，内容丰富

短视频的时长通常在 15 秒到 5 分钟之间，内容丰富，涉及娱乐、音乐、社会、科技、母婴、汽车、财经、美食、体育、游戏、动漫等方面，具有短小精悍、题材多样、灵动有趣、娱乐性强等特点。由于时长较短，所以短视频的内容十分紧凑，注重在前几秒就抓住用户的注意力，符合用户的碎片化观看习惯，能够降低用户参与的时间成本。

### 2. 制作门槛低，生产流程简单

传统视频的制作对非专业人员来讲要求较高，而短视频降低了制作门槛和成本，对内容编排专业性、拍摄技巧和设备的要求较低，普通用户都可参与短视频内容制作，仅靠一部手机，就可以完成短视频的拍摄、制作与上传。

### 3. 传播迅速，交互性强

短视频不仅生产流程简单、制作门槛低，还具有较强的传播性和互动性，很容易实现裂变式传播与熟人间传播，用户可以轻松方便地实现在平台上分享自己制作的短视频，以及观看、评论、点赞他人的短视频。

### 4. 富有创意，具有个性化

短视频的内容丰富、表现形式多元化，更加符合当下年轻人的需求。用户可以通过充满个性和创造力的制作和剪辑手法，创作出精美、有趣的短视频，以此表达个人想法和创意。

### 5. 精准营销，营销效果好

与其他营销方式相比，短视频营销可以更加精准地找到目标用户，使营销量更加可观。短视频平台依托其独特的推荐算法，能将商品更精准地推送给目标用户，促进营销量最大化。同时，创作者可以在短视频中添加商品链接，用户可以一边观看短视频，一边购买想要的商品。

### 6. 观点鲜明，内容集中

在快节奏的生活方式下，人们在获取信息时习惯追求“短、平、快”的消费方式。短视频传递的信息观点鲜明、内容集中，题材丰富多样，更容易被用户理解和接受。

## 三、短视频的类型

短视频的呈现方式通常可以分为以下 8 种类型。

### 1. 短纪录片型

这类短视频多数以时长较短的纪录片形式呈现，内容相对完整，制作也较为精良。短纪录片型短视频伴随着传统媒体的发展而产生，其由传统的纪录片发展而来，因此，短纪录片型短视频既具传统纪录片的特性，又适合通过网络进行传播，如图 1-1-1 所示。

图 1-1-1　短纪录片型短视频

## 2. 商品展示型

商品展示型短视频是一种以展示商品为主的短视频形式，即通过视频的方式展示商品的外观、特点、功能以及使用方法等信息，帮助用户更好地了解和认知商品，从而为用户作出购买决策提供参考依据，如图 1-1-2 所示。这种短视频通常时间较短，内容简洁明了，以突出商品的卖点为主，让用户在短时间内获取尽可能多的商品信息。商品展示型短视频可以发布在电商平台、社交媒体、视频分享网站等多个渠道，是电商营销常用的一种手段，也是吸引用户、提高销售效果的重要方式之一。

图 1-1-2　商品展示型短视频

### 3. 人设型

这类短视频主要为在互联网上具有较高认知度的网络名人所制作并发布，致力于个人特征的表现。这类网络名人一般需要持续输出专业领域的内容，以获得用户的关注和喜爱，如图 1-1-3 所示。人设型短视频的内容一般较为贴近生活，但会根据网络名人所擅长的领域（如音乐、舞蹈、游戏、体育等）而有所差异，其制作内容贴近生活、趣味性高，形成的庞大“粉丝”基础和用户黏性背后蕴含着巨大的商业价值。

### 4. 技能分享型

技能分享型短视频在网络上有着非常广泛的传播，这类短视频主要包括科普、旅游、美食、美妆、办公等内容的技能分享，用户对于这类短视频的基本诉求是实用，如图 1-1-4 所示。

### 5. 情境短剧型

这类短视频的内容以创意或搞笑为主，可以给用户带来乐趣，帮助用户释放压力、舒缓心情，如图 1-1-5 所示。这类短视频涉及范围广泛，家庭伦理、悬疑推理、都市生活以及乡村生活等都是常见的内容类型。

图 1-1-3　人设型短视频

图 1-1-4　技能分享型短视频

图 1-1-5　情境短剧型短视频

### 6. 创意剪辑型

这类短视频一般是在已有视频的基础上，利用剪辑技巧和创意截取其中的片段，或加入解说、评论、特效等元素，制作精美震撼的视觉效果而成，如电影解说短视频等（见图 1-1-6）。

### 7. 人物访谈型

人物访谈型短视频分为两种，一种是采访行业 KOL（关键意见领袖），另一种是街头采访。街头采访是目前短视频的热门表现形式之一，其制作流程简单、话题性强，深受都市年轻群体的喜爱，如图 1-1-7 所示。这类短视频的关键在于创作者提出的问题是否新颖、有吸引力，整体内容呈现是否有价值。

### 8. 随手分享型

这类短视频记录的是日常真实的生活场景，一般为用户随手拍摄并上传，内容既可能是生活场景，也可能是自然风光、会议实录等，如图 1-1-8 所示。

图 1-1-6　创意剪辑型短视频

图 1-1-7　人物访谈型短视频

图 1-1-8　随手分享型短视频

## 学习单元 2　短视频应用

随着短视频行业的高速发展，越来越多的企业看到了短视频行业蕴含的巨大商机，开始在电子商务中广泛应用短视频。

### 一、短视频内容电商的发展历程

我国短视频内容电商的发展可划分为短视频内容电商萌芽期、短视频内容电商发展期、短视频内容电商爆发期三个阶段。

### 1. 短视频内容电商萌芽期

2016—2017 年，以淘宝、蘑菇街为代表的电商平台和以芒果 TV、快手为代表的内容平台率先试水“视频内容＋电商模式”运营方式，将视频内容与站内电商打通，打造了一站式短视频电商系统。

- 淘宝、京东：率先试水直播。
- 小红书：上线视频笔记，开启视频带货。
- 蘑菇街、芒果 TV：将视频内容与站内电商打通，打造一站式视频电商系统（见图 1-2-1）。
- 快手：试水“直播＋电商”。
- 美拍：推出“边看边买”功能。

图 1-2-1　芒果 TV 旗下新潮国货内容电商平台

### 2. 短视频内容电商发展期

2018 年，短视频和直播的高速渗透，催化了短视频内容电商的快速发展，各大电商平台和短视频平台快速打通，纷纷建立了合作关系。例如，抖音平台上线了“购物车”和“商品橱窗”模块为第三方电商平台引流，快手上线了“快手小店”，启动“麦田计划”接入第三方电商平台，内部置入“电商”模块，允许跳转外部链接带货。

- 淘宝：直播入口出现在手机淘宝首屏（见图 1-2-2）。
- 京东：开启“京星计划”扶持达人进行内容创作。
- 抖音：上线“购物车”“商品橱窗”为第三方电商平台引流。
- 快手：上线“快手小店”，启动“麦田计划”接入第三方电商平台，内置“电商”模块，允许跳转外部链接带货。

### 3. 短视频内容电商爆发期

2019 年起，直播带货成为新风口，电商平台的内容布局和短视频平台的电商体系搭建初见成效，电商与短视频内容平台彼此渗透，由深度合作向竞争合作转移。鉴于短视频和直播出色的电商变现潜力，小红书、抖音、快手等具备短视频和直播内容的平台相继拓展电商业务，而淘宝、京东、拼多多等电商平台的一体化独立短视频直播 App 也扎堆上线，市场迎来了短视频内容电商的爆发期。

- 快手：推广“快手联盟”，帮助达人对接商家（见图 1-2-3）。
- 淘宝直播：独立 App 上线。
- 京东：重点发力直播。
- 小红书、拼多多：入局电商直播。

图 1-2-2　手机淘宝首屏淘宝直播入口

图 1-2-3　快手联盟首页

## 二、短视频内容电商的发展趋势

短视频内容电商产业发展的主要动力来自移动社交平台的用户消费转化。随着 90 后、00 后消费主力军的崛起，他们的消费观念及消费习惯发生了很大的改变。从商业模式来看，短视频内容电商有效缩短了产品和用户之间的距离。在传统电商的模式下，卖家需要在公共领域获取流量，与众多竞品竞争，成本较高。而在短视频内容电商的模式下，短视频内容电商平台凭借高质量的内容和精准的算法推荐，提高了产品与用户的匹配效率，创作者通过生产内容，提供专业领域的服务和指导，吸引垂直领域的“粉丝”聚集，再根据“粉丝”需求提供个性化产品。从内容生产、传播到消费转化，整个流程构成完美闭环。短视频内容电商不同于其他电商模式，其发展趋势如下。

#### 1. 模式持续创新迭代，形式与载体更加丰富多元化

早期，电子商务的视频形式与载体较为单一，通常依赖于直播这一形式。随着泛娱乐行业的进一步发展，短视频内容电商开始呈现更多的娱乐内容，引入更多的创新元素，衍生出更多的新互动、新玩法、新主题和新场景形式，越来越多新型媒介形式的应用，成为电商流量增长的新渠道。

#### 2. 行业壁垒持续存在，头部效应更加显著

目前，短视频内容电商行业的核心竞争力主要包括流量、供应链以及商品的选品能力。供应链体系的建立，需要投入大量的人力、财力、物力来获取大量用户以形成稳定的流量池。只有具有竞争力的头部短视频内容电商企业，才能在具备一定的流量、较强的供应链管理能力以及选品能力的同时，兼顾流量池与商品池的运营。未来，行业集中度将进一步提升，短视频内容电商行业整体将呈现“强者恒强”的格局。

#### 3. 地方性政策支持与国家层面监管并重，引导行业有序发展

越来越多的城市和地区开始重视短视频内容电商的新业态。为抢先发展短视频内容电商产业，各个城市和地区出台了相关的扶持政策，涉及人才、技术、基地建设等方面。而国家层面政策监管的重心则是针对业态潜在风险，分别对相关运营和从业人员进行督导和职业规范，以促使短视频内容电商产业链上各环节参与者能够有序参与竞争，行业健康持续稳健发展。

### 思政课堂

**整治网络直播、短视频领域乱象，专项行动来了！**

2022 年 4 月，中央网信办、国家税务总局、国家市场监督管理总局开展为期两个月的“清朗·整治网络直播、短视频领域乱象”专项行动。

本次行动聚焦各类网络直播、短视频行业乱象，分析背后深层次原因，着力破解平台信息内容呈现不良、功能运行失范、充值打赏失度等突出问题。创新规范管理方式方法，健全网络直播、短视频综合治理体系，进一步压实平台信息内容管理主体责任。统筹行业发展与行业规范，坚决打击各种违法违规行为，推动行业健康有序发展。

行动以集中整治"色、丑、怪、假、俗、赌"等违法违规内容呈现乱象为切入点，进一步规范重点环节功能，从严整治功能失范、"网红"乱象、打赏失度、违规营利、恶意营销等突出问题；从严整治通过编造故事、摆拍作秀等手段，营造"名媛"人设，进行炒作引流等问题；从严整治营造"卖惨"人设，博取同情进行商品推广等问题；从严整治营造"成功"人设，宣扬厚黑学、金钱至上理念等问题。

本次行动打击在灾难或事故现场以救援者或受难者姿态进行拍摄，以帮扶救援为名，行借机蹭热度、消费灾情之实的行为；打击对走红的热点人物进行实地围追堵截，以其为主角或背景进行拍摄，借势引流，严重干扰当事人正常生活等行为；打击对热点事件、人物、话题进行"反蹭"，罔顾事实对热点事件、人物进行恶意调侃、抨击，甚至无中生有、编造谣言等行为。

### 4. 更加专注"货"与"场"的搭建，实现高效引流，提升消费体验

对于短视频内容电商平台，仅有前端创新的引流模式是远远不够的。为了更好地支持在流量端的竞争，头部行业商家将不断挖掘货品组合以及后端供应链的核心竞争力，在供给端进行优势资源整合，保障品质及服务质量，用高品质的货品来支撑用户的信任度，把握 5G 商用化落地后的新场景入口，不断创新内容构筑交易场景，吸引用户聚集，稳定优质客户源。

## 三、短视频在传统电商中的应用

经历了十多年的快速发展后，传统电商自然增量减少，获客成本不断攀升，亟需开发新的低成本流量入口。短视频内容电商通过重构"人、货、场"等要素，将单纯的"购物环境"转变成"社交 + 购物环境"，并通过搭建多元化场景给用户带来沉浸式购物体验，大大刺激了用户的购买欲望，如图 1-2-4 所示。

图 1-2-4 某电商平台中服装商品展示短视频

例如，淘宝平台一直致力于将短视频与电商完美融合，不断将内容、消费融进淘宝生态中，将短视频作为商品的主要营销推广方式之一，可在商品推荐页、商品详情页等多个页面中实现引流和销售，如图 1-2-5、图 1-2-6 所示。

而京东平台的短视频一般以商品宣传为直接目的，营销性质明显，放置位置也比较固定。商

家在发布视频后，首先会展示在商品的详情页上方，如图 1-2-7 所示。官方会根据短视频质量与渠道推荐机制在首页推荐中进行展示，如图 1-2-8 所示。

图 1-2-5　淘宝平台商品推荐页短视频

图 1-2-6　淘宝平台商品详情页短视频

图 1-2-7　京东平台商品详情页短视频

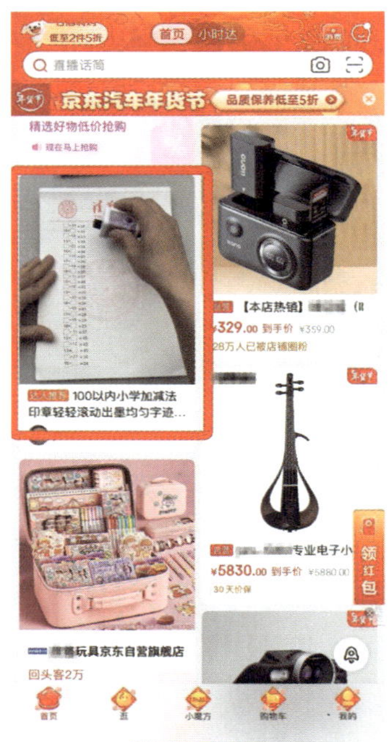


图 1-2-8　京东平台首页推荐页短视频

拼多多平台的短视频也以商品宣传为主，位于主页和详情页等位置。此外，拼多多平台还开设了名为“多多视频”的短视频频道。“多多视频”频道中的短视频并不以商品宣传为主，而是包含各种类型的短视频，当用户观看一定量的短视频后，可以获得微信红包和平台红包，用户可直接将这些红包用于平台消费。该频道短视频的设定能够在一定程度上增强用户黏性，增加用户停留时长，如图 1-2-9 所示。

## 四、短视频在企业中的应用

企业可以通过短视频搭建起品牌和用户之间的桥梁，缩短品牌与用户之间的沟通环节，企业可以更加迅速地了解用户需求，及时对产品进行调整。企业还可以通过入驻短视频平台来搭建账号矩阵，扩大品牌影响力，如小米手机在多个短视频平台上打造了企业的官方账号。企业短视频营销的适用场景非常广泛，以下是几个典型的场景。

（1）产品推广

企业可以利用短视频展示产品的特点、功能、使用场景等信息，吸引目标用户购买，如图 1-2-10 所示。

（2）品牌宣传

企业可以通过制作有趣、生动的短视频来提高品牌知名度和美誉度，增强用户对品牌的认知度和好感度，如图 1-2-11 所示。

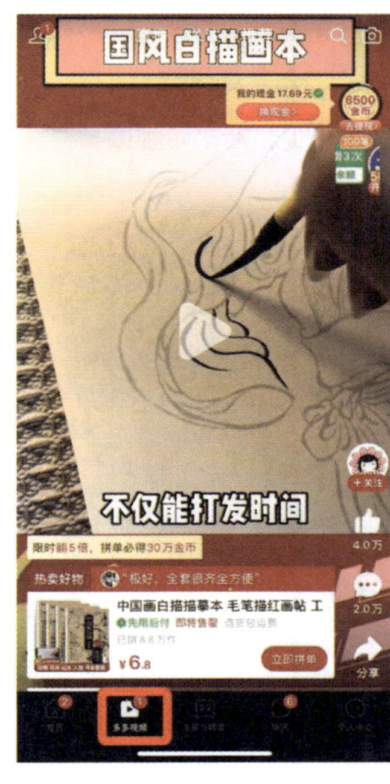


图 1-2-9 “多多视频”频道中的短视频

图 1-2-10 小米手机产品推广短视频

图 1-2-11 小米手机品牌宣传短视频

（3）新品发布

企业可以利用短视频宣传新产品的上市，向用户展示产品的特点和优势，激发用户的兴趣和购买欲望，如图 1-2-12 所示。

（4）促销活动

企业可以通过短视频宣传促销活动，吸引用户参与，如图 1-2-13 所示。

图 1-2-12　小米手机新品首发短视频

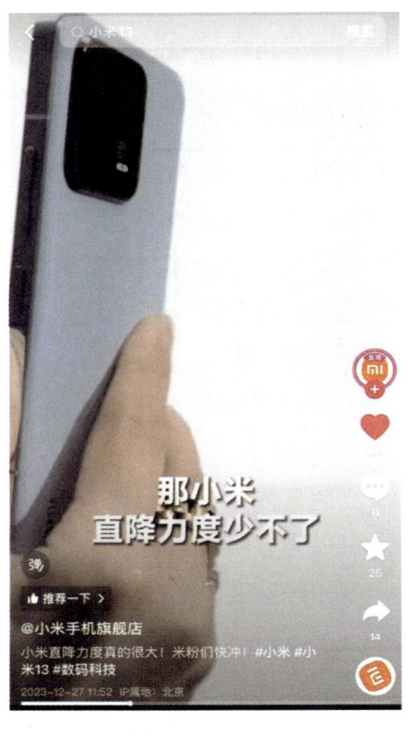


图 1-2-13　小米手机促销活动短视频

（5）用户评价

企业可以利用短视频展示用户的评价和使用心得，增强用户的信任感和购买意愿，如图 1-2-14 所示。

企业可以根据自己的营销目标和目标受众，选择相应的场景来应用短视频，以此实现提高品牌知名度、促进销售、增加用户黏性等营销效果。

## 五、短视频在直播中的应用

“短视频 + 直播”相结合的方式，可以为短视频带来更多的素材及方向，也可以使直播实现更大的效益增长。

对于直播而言，引流是一个至关重要的环节。而短视频可以通过优质的内容，做到为直播预热引流。用户被引流到直播间后，主播再通过专业讲解促使用户完成消费转化。

短视频“种草”裂变，直播间“割草”变现，二者结合发挥作用，往往会有更好的商业效果。同时，由于直播受时空限制影响较为严重，直播内容难以留存，而短视频可以补足这一短板，为直播内容留存助力。对于直播中所产生的优质内容，短视频可以进行二次加工，实现精准分发，如图 1-2-15 所示。

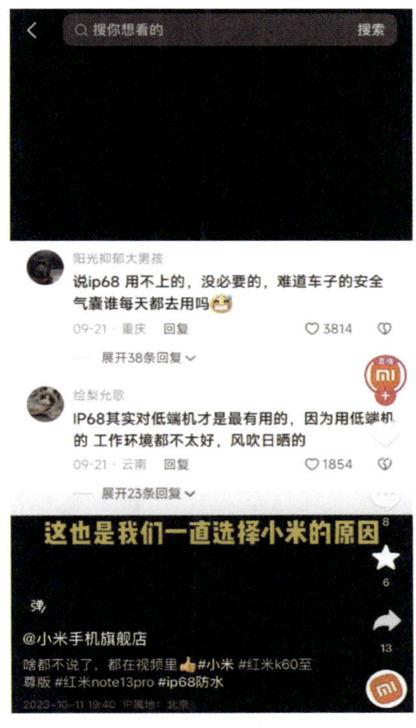


图 1-2-14 小米用户评价展示短视频

图 1-2-15 直播内容二次加工

## 课堂实训

任务描述：

根据短视频平台的分类，在热门短视频平台和电商平台中分别选择一个有代表性的平台，如抖音和淘宝，搜索所在区域特色农产品的相关短视频，然后分析这些短视频有什么不同之处，填写表 1-2-1。

表 1-2-1 各短视频平台关于特色农产品短视频的不同之处分析

| 特色农产品短视频分析 | | | | |
|---|---|---|---|---|
| 产品 | 平台 | 短视频类型 | 短视频特点 | 对比分析 |
| | | | | |
| | | | | |

任务目标：

认识常见的短视频电商平台，熟悉商品展示型短视频的展示位置、拍摄方式和特点。

## 思考与练习

1. 短视频的概念和特点是什么?
2. 短视频的类型有哪些?
3. 简述短视频在企业中的应用。
4. 简述短视频在直播中的应用。

# 模块二　短视频制作前期准备

学习目标

1. 了解短视频制作前期的准备工作
2. 熟悉短视频的拍摄器材和设备
3. 掌握短视频脚本设计方法和原理
4. 能完成短视频的内容策划、选题确认及创意开发
5. 能依据选题类型，撰写出不同的短视频脚本
6. 能根据短视频脚本，完成拍摄设备和道具的选择

## 学习单元 1　短视频策划

短视频的前期准备工作是为后面的短视频拍摄和剪辑做准备。这一阶段的主要工作包括进行短视频策划，撰写脚本，做好拍摄前的人、物、场及拍摄器材的准备。

短视频策划是将拍摄前期复杂零碎的准备过程转化为具体的实施方案，主要包括内容策划、选题确认、创意开发等拍摄前的准备工作。

### 一、内容策划

只有定位清晰的短视频内容才能吸引用户的注意力，使其乐意贡献出自己的流量或成为“粉丝”，从而促使短视频内容得到更为广泛的传播。

#### 1. 用户群体的定位

用户是短视频创作的基础。短视频创作者在进行内容策划时，最重要的是对用户群体的定位，具体包括收集用户信息、归纳用户特征属性；整理用户画像、推测用户基本需求等工作。

（1）收集用户信息、归纳用户特征属性

用户信息是指短视频用户在网上观看和传播短视频的各种数据，通过收集这些用户信息数据可以归纳出短视频用户的特征属性。

用户信息数据分为静态信息数据和动态信息数据两大类，如图 2-1-1 所示。

静态信息数据是进行用户群体定位、构建用户画像的基本框架，展现的是用户的固有属性，包括社会属性、商业属性、心理属性等。用户的社会属性比较容易掌握，如用户的姓名、性别、年龄、住址、学历、职业、婚姻状况等。

动态信息数据是指用户的网络行为数据，包括消费属性和社交属性等数据。动态信息数据因为在不断地变化，所以较难掌握，短视频制作者要进行长期追踪、收集数据，然后从用户的变化中总结出规律，从而归纳出较为精准的用户特征。

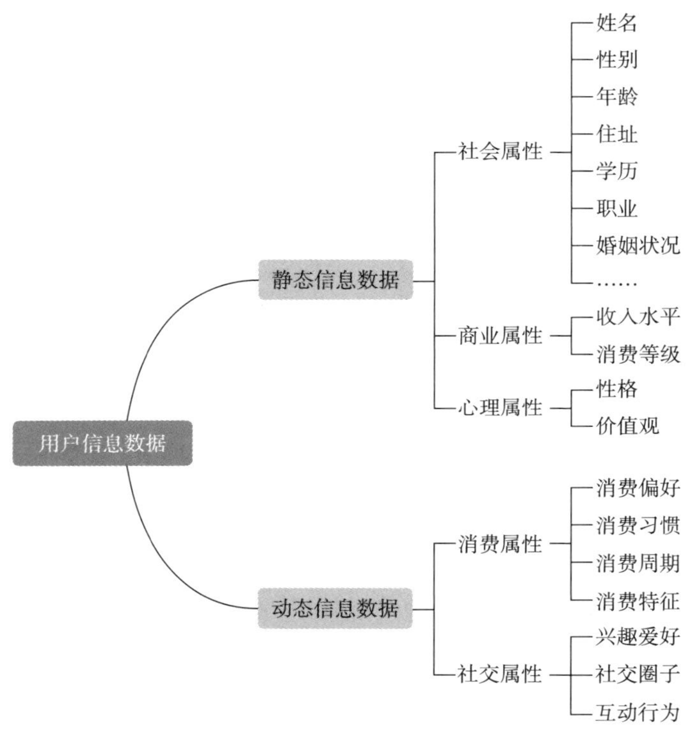


**图 2-1-1　用户信息数据**

要想获取用户信息，短视频创作者需要对数以万计的样本数据进行统计和分析。由于用户的基本信息重合度高，为了节省时间和精力，短视频创作者可以通过飞瓜数据、卡思数据、蝉妈妈等相关工具（见图 2-1-2）来获取用户信息。

例如，通过灰豚数据平台为“三农”类短视频构建用户画像，可以按照下列步骤进行操作。

第一步：打开灰豚数据网站，注册并登录，如图 2-1-3 所示。

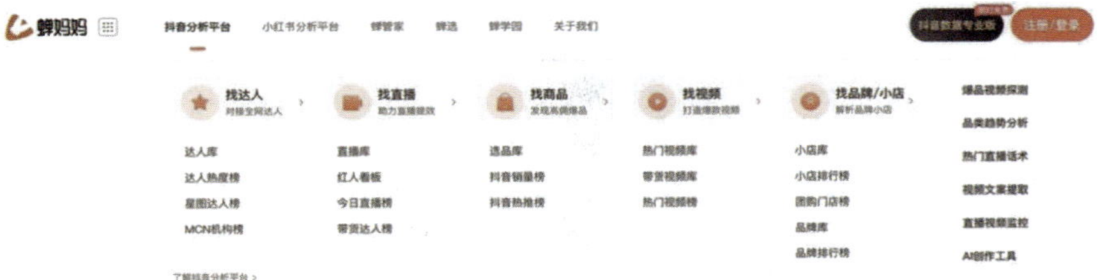


图 2-1-2　蝉妈妈数据查询功能

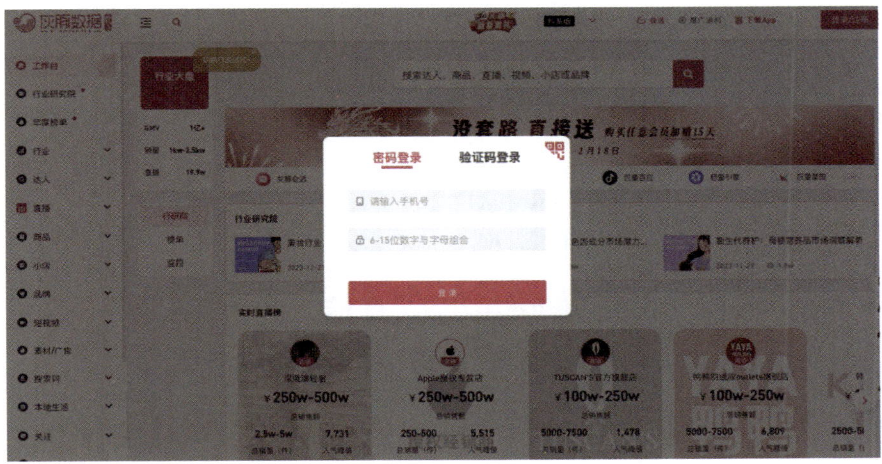


图 2-1-3　灰豚数据登录页面

第二步：进入灰豚数据首页，在界面上方选择“抖系数”，然后在界面左侧的功能面板中选择“查找抖音号”，点击“达人排行榜”，如图 2-1-4 所示。

图 2-1-4　灰豚数据达人排行榜

第三步：进入选择短视频达人的界面，选择榜单类型，然后在“达人分类”中选择“三农”，再选择“粉丝数”和“认证信息”等，即可在下方查看达人排行榜，如图 2-1-5 所示。

图 2-1-5　灰豚数据“三农”类短视频达人排行榜

第四步：选择某个达人，即可查看该达人账号“粉丝”列表画像，如图 2-1-6 所示。

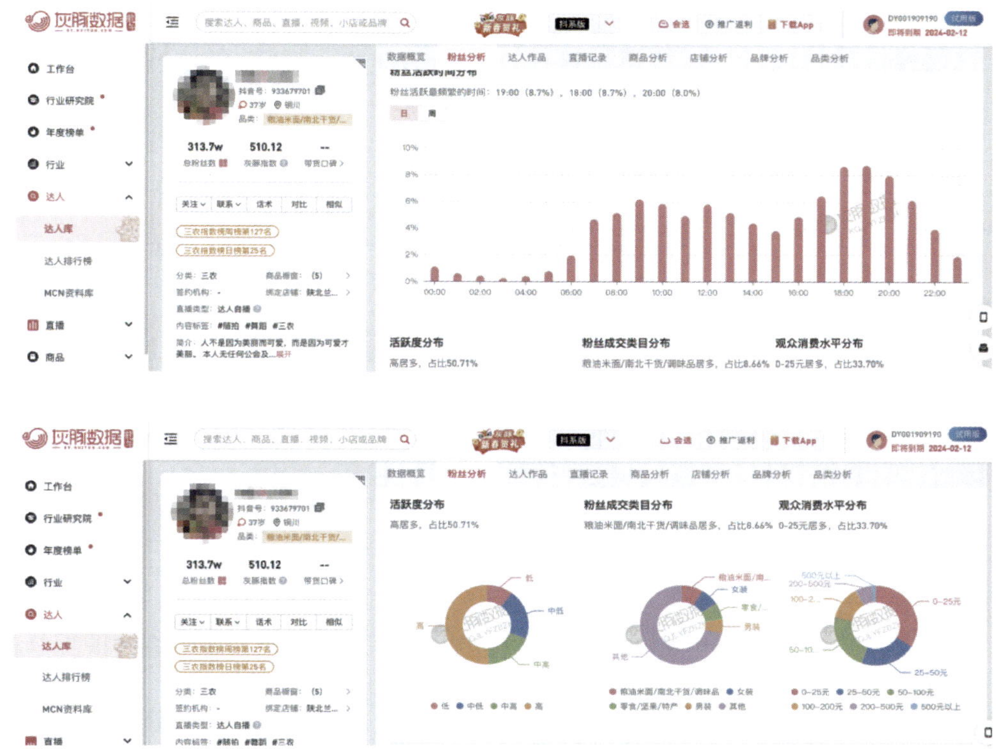


图 2-1-6　某达人账号“粉丝”列表画像截图

（2）整理用户画像、推测用户基本需求

在获取和分析用户信息后，就可以将这些信息整理成一个完整的短视频用户画像。这里的用户画像其实就是根据用户的属性、习惯、偏好和行为等信息抽象描述出来的标签化用户模型。通俗来讲，就是给用户打标签（标签是通过用户信息分析而来的高度精炼的特征标识）。用户画像建立好以后，就可以充分了解用户的需求，并在此基础上进行内容的输出和营销策略的制定。表 2-1-1 所示，为某宠物主题短视频账号的用户画像。

表 2-1-1　　某宠物主题短视频账号的用户画像

| 要素 | 具体内容 |
|---|---|
| 性别 | 女性用户为主，占比约 70% 以上，男性用户占比较低 |
| 年龄 | 17 岁以下用户占比约 24%，18～24 岁用户占比约 34%，25～35 岁用户占比约 32%，35 岁以上用户占比约 10% |
| 地域 | 浙江、江苏、上海、天津的用户占比位列靠前 |
| 活跃时间 | 以 20：00—23：00 为主 |
| 感兴趣的宠物话题 | 宠物的装饰打扮，宠物的喂养及训练，宠物的可爱、搞笑视频等 |
| 关注账号的条件 | 宠物可爱有趣，画面精美，为用户提供宠物喂养等有价值的内容等 |

续表

| 要素 | 具体内容 |
|---|---|
| 点赞及评论的条件 | 内容有价值、实用性强，能够引发用户共鸣，内容搞笑等 |
| 取消关注的原因 | 内容质量下滑，更新速度慢 |
| 用户的其他特征 | 喜欢美食、摄影和运动，性格开朗大方 |

### 2. 短视频内容的定位

在明确用户定位的基础上，还要进行短视频内容的定位，它能为短视频制作提供明确的方向，使得后续的推广工作事半功倍。以下是三种有效的短视频内容定位方法。

（1）人群细分法

人群是指在某一特定领域或范围内，具有相同或相似特征（如年龄、职业、地域等）的人的集合。人群细分法要求以目标用户作为内容切入的参考依据，围绕目标用户的需求进行内容的完善与更新。

通过对人群的深入了解和特征把握，能够更为准确地判断他们对内容的需求和期望，从而创作出更符合他们兴趣的短视频。

（2）场景细分法

场景细分法是以用户在现实生活中的不同使用场景为参考，将用户场景分为高频场景和低频场景、重度场景和轻度场景，并分别针对这些场景进行内容创作。

高频场景：日常生活中常见的场景，如吃饭、学习、工作、社交和娱乐等。由于这些场景的发生频次高，因此更容易吸引用户的关注和参与。

低频场景：虽然发生率相对较低，但如车、房、旅行、摄影等场景，由于其在生活中的稀缺性和信息不对称性，往往具有更高的商业价值和改造潜力。

重度场景：与生活方式紧密相关、每天都会接触的场景，如健身、交通等。这些场景容易形成产业链，具有巨大的商业价值。

轻度场景：通常指的是生活中某些特定的场合或情境，如特殊的节日、庆典等。尽管这些场景较为稀缺，但并不意味着它们没有价值。分享独特的生活方式、阅历或能带给人们内心力量的内容，往往能取得意想不到的效果。

综上所述，通过人群细分法和场景细分法，能够更准确地定位短视频的内容，满足不同用户在不同场景下的需求，从而提升短视频的质量和吸引力。

（3）价值提供法

价值提供法就是创作短视频时以解决问题、降低成本和突出变化等价值提供为重点，切入适合用户自身的细分内容领域。

## 二、选题确认

选题对短视频的传播效果起着至关重要的作用，一个好的选题有利于保证短视频后期的制作与传播效果。

### 1. 短视频的选题类别

短视频选题通常可以分为常规选题、热门选题和系列选题三类。

（1）常规选题

常规选题占短视频选题的 60% 以上，其作用在于帮助账号强化人设，让潜在用户能看懂账号的属性。例如，美妆账号创作者的常规选题可以是美妆知识、美妆供应链渠道、美妆品牌的相关介绍等，通过这些内容让用户一看便知创作者是行业专家，自然而然产生信任感，这样有利于后期的流量转化。对于常规选题，创作者应该随时记录日常生活、工作、学习、娱乐时的场景、技能、状态，积累充足的素材，也可以通过观察竞品账号从中找寻灵感。

（2）热门选题

热门选题也称临时选题，是基于热点事件与内容进行关联，其最大的作用就是自带话题度，能够吸引用户的关注，获取更高的热度和更高的曝光率。

（3）系列选题

系列选题可以从常规选题中选择，也可以单独创造，通过一系列的短视频说清楚一个问题，以提升用户的信赖感。

### 2. 短视频的选题来源

（1）搜索热点

短视频创作者可以从各大资讯网站、社交平台、热门榜单中搜索热点，或者关注热门话题的评论，从中挖掘出更多的题材。

（2）成功选题再利用

对于已经被证实的成功选题，经过复盘后，可以对该选题进行优化，从而最大化利用成功的选题。

（3）用户反馈

了解用户群体的真实诉求是非常重要的。有些用户会通过短视频平台表达自己的需求，这些需求就可以作为选题的参考。

### 3. 短视频的内容规范

各个短视频平台都有自己的管理规范，短视频选题一定要遵守短视频平台的规范。

（1）选题要符合核心价值观

不论什么领域的选题，保证价值观的健康性都是短视频得以传播的基本前提。另外，还应注意要避免各类敏感选题。

（2）选题要符合账号定位

短视频账号确认好定位之后，接下来发布的短视频内容越垂直越好，避免随意切换选题，以免损失流量。

（3）选题要具有互动性

短视频的一大优势是互动性强。选择互动性强的话题，能让短视频获得更多的流量。

（4）选题要具有可操作性、可落地性

对于短视频的选题，不仅要考虑选题本身是否具有吸引力，还要考虑选题在现有条件下是否可落地，如后续的拍摄、配音、剪辑等是否能实现，预估实现的效果如何等，如果选题无法落地，则应果断放弃。

（5）选题要体现创意

体现创意是指短视频选题要有创新性，不能完全照抄其他选题，需要加入自己的创意或改动。

## 三、创意开发

短视频创作者要想持续地生产优质内容，就需要找到正确的创意开发方法，这样才能做好短视频的持续运营。

### 1. 创意开发方法

（1）搬运法

所谓搬运法，简单来说就是从别的地方把一些自己认为不错的内容搬运过来作为短视频素材进行二次创作的一种方法。

（2）模仿法

模仿是创新的基础。短视频创作者在尚未完全形成自己的风格前，可以通过模仿的方式创作出比原短视频更具创意的短视频，这是一种帮助自己快速找到内容创意方向、实现快速引流的有效方式。

（3）场景扩展法

场景扩展法就是创作者明确短视频的主要目标用户群体后，以目标用户群体为核心，围绕他们关注的话题，挖掘更多内容方向。

（4）代入法

代入法即短视频创作者将某个场景作为拍摄短视频的固定场景，然后在这个固定场景中不断代入各种不同的元素来填充内容，丰富固定场景中的内容表现。

（5）反转法

所谓反转法，就是在剧情的结尾制造一种戏剧性的转折，或者形成一种强烈的剧情反差，以此形成强烈的对比效果来带动用户的情绪，给用户留下深刻的印象。

（6）嵌套法

嵌套法就是在故事里套故事、在场景里套场景，使短视频内容更加丰富、有趣，信息量更大。

### 2. 创意开发原则

短视频创作者在进行创意开发时需坚持一定的原则，以保证短视频内容的总体框架和大致方向符合要求。

（1）娱乐性

能够让用户产生娱乐感的短视频，很容易被用户记住、喜欢甚至追捧。

（2）正能量

正能量的内容往往能够激发用户的正向情感和行为，并能够获得更广泛的点赞和转发。

（3）精简性

短视频的内容节奏要快，要在几分钟甚至几十秒时间内呈现丰富的内容。

（4）故事性

用户喜欢听故事、看故事。优质的短视频需要精心构思剪辑，把故事讲好，通过故事向用户传递信息、情感和思想。

（5）猎奇性

猎奇是指寻找、探索新奇事物来满足人们的好奇心理，用户喜欢利用短视频了解一些自己不曾听过、见过、经历过的人、事、物，并从中获得一定的满足感。

（6）情感性

情感类短视频通常是用户关注度较高的短视频类型。

（7）时效性

借助特殊时间节点或者某个热点事件，能够快速提高短视频播放量，从而达到扩大影响力的效果。

（8）实用性

短视频比文字更适合传播知识和技能。用户观看短视频的需求之一是获取知识，知识类短视频凭借其实用性受到广大用户的青睐。

# 学习单元 2　短视频脚本撰写

短视频策划工作完成后，就要开始进行脚本的撰写。

## 一、短视频脚本的概念和作用

脚本是指表演戏剧、拍摄电影等所依据的底本。脚本可以说是故事的发展大纲，用以确定故事的发展方向。短视频脚本是指拍摄短视频时所依据的底本，它体现的是短视频内容的发展大纲，对情节发展、节奏把控、画面调节等起到至关重要的作用。

在短视频的创作过程中，撰写脚本的作用如下。

### 1. 提高短视频拍摄质量

提前计划好拍摄地点、内容、景别、服装道具、台词等，可以避免拍出大量杂乱无章的素材，提高短视频的拍摄质量。

### 2. 拍摄思路更清晰

脚本给出了拍摄的大体框架，这样拍摄时就不会无从下手，拍摄思路也会更清晰。

### 3. 节省团队沟通时间

提前撰写脚本，拍摄团队可以围绕脚本来讨论创作，很大程度上节省了团队成员的沟通成本。

## 二、短视频脚本的类型

短视频脚本主要有 3 种类型，分别是提纲脚本、文学脚本和分镜头脚本。

### 1. 提纲脚本

提纲脚本涵盖短视频内容的各个拍摄要点，通常包括对主题、视角、题材、形式、风格、画面和节奏的阐述。提纲脚本对拍摄只能起到一定的提示作用，适用于那些不容易提前掌握或预测的内容（见表 2-2-1）。在当下主流的短视频创作中，新闻类、旅行类短视频经常采用提纲脚本。提纲脚本一般不限制团队成员的工作，可给予摄影师较大的发挥空间，但对后期剪辑的指导作用较小。

表 2-2-1　手机商品宣传短视频拍摄方案（提纲脚本）

| 时间线 | 拍摄场景 | 大致内容 |
| --- | --- | --- |
| 引入 | 繁华都市街道，人群熙熙攘攘 | 展示都市生活的快节奏，人们手持手机忙碌沟通、娱乐 |
| 商品亮相 | 室内简洁背景 | 手机缓缓从背景中显现，镜头聚焦展示手机整体外观 |
| 性能介绍 | 室内高科技环境，如现代化办公室或实验室 | 展示手机屏幕，强调高清分辨率和流畅操作体验；镜头聚焦手机摄像头，实时演示拍照和视频录制功能，突出成像质量 |
| 用户体验 | 户外多种环境，如公园、咖啡馆、地铁站 | 用户在公园（或咖啡馆、地铁站）中用手机拍照并分享到社交媒体，展示手机的社交功能 |
| 品牌理念 | 品牌标志性建筑或活动现场 | 展示品牌历史、文化及对未来科技的展望，强调品牌与用户的紧密联系 |
| 结尾 | 室内简洁背景 | 再次出现手机商品特写，搭配旁白阐述用户购买体验，同时展示购买渠道和品牌官网信息 |

### 2. 文学脚本

文学脚本类似于电影剧本，以故事开始、发展和结尾为叙述线索。简单地说，文学脚本需要表述清楚故事的人物、事件、地点等。

文学脚本是一个故事的梗概，只需要规定台词、拍摄的景别和镜头时长即可，常见的教学、测评和营销类短视频经常采用文学脚本，有些个人短视频创作者和中小型短视频团队为了节约创作时间和资金，也会采用文学脚本。

### 3. 分镜头脚本

分镜头脚本主要是以文字的形式直接表现不同镜头的短视频画面。分镜头脚本的内容更加精细，能够表现对短视频画面的构想，可以将文字内容转换成用镜头直接表现的画面。分镜头脚本的主要内容通常包括镜号、拍摄场景、画面内容、景别、台词 / 旁白、音效和时长等，有些专业短视频团队撰写的分镜头脚本中还会涉及摇臂使用、灯光布置和现场收音等内容（见表 2-2-2）。

分镜头脚本有图文集合和纯文字两种类型，其中，图文集合的分镜头脚本是最专业也是最常用的。

表 2-2-2　　分镜头脚本案例

| 镜号 | 拍摄场景 | 画面内容 | 景别 | 台词 / 旁白 | 音效 | 时长 |
|---|---|---|---|---|---|---|
| 1 | 现代化办公室 | 忙碌的职场环境，员工们使用各种办公设备 | 远景 | 在这个信息爆炸的时代，你需要一款真正懂你的手机 | 轻柔的背景音乐响起 | 2 s |
| 2 | 简洁的室内环境 | 手机从桌子上缓缓滑入镜头，屏幕亮起 | 特写 | ×× 手机为你带来前所未有的智能体验 | 具科技感的音乐逐渐加强 | 5 s |
| 3 | 手机屏幕 | 展示屏幕流畅滑动、应用快速打开 | 近景 | 搭载最新操作系统，每一次操作都如丝般顺滑 | 滑动屏幕的声效 | 10 s |
| 4 | 手机摄像头 | 手机快速对焦，清晰拍摄物体 | 特写 | 无论远近，每一个细节都清晰可见 | 相机快门声 | 10 s |
| 5 | 户外公园 | 用户使用手机拍照、分享、导航 | 中景 | 生活、工作、娱乐，一部手机全搞定 | 自然环境音效，鸟鸣声等 | 5 s |
| 6 | 手机内部构造图 | 动画展示处理器、内存等硬件 | 近景 | 强大的内在，为你提供源源不断的动力 | 具科技感的音效 | 10 s |
| 7 | 多任务处理界面 | 用户同时处理多个应用，轻松切换 | 中景 | 多任务处理，从此不再是问题 | 轻松的背景音乐 | 5 s |
| 8 | 夜景街头 | 手机夜景模式拍摄，画面清晰明亮 | 近景 | 黑夜中，也能发现美的存在 | 梦幻般的音效 | 5 s |
| 9 | 品牌标志及商品 | 展示品牌标志及商品全貌 | 特写 | ×× 手机，智能科技，触手可及 | 音乐高潮，然后逐渐淡出 | 10 s |

## 三、短视频脚本的撰写

在撰写短视频脚本之前，通常需要确定整体思路和流程，主要包括以下 3 项。

### 1. 主题定位

短视频的内容通常都有明确的主题。在创作并撰写脚本时，首先应确定要表达的主题，然后开始脚本创作，脚本的内容要围绕主题展开。例如，拍摄美食系列的短视频，就要确定是以制作美食为主题，还是以展示特色美食为主题；拍摄测评类的短视频，就要确定是以汽车测评为主题，还是以数码商品测评为主题等。

### 2. 框架搭建

确定短视频的主题之后，就需要规划短视频的内容框架了。规划内容框架就是确定通过什么样的内容细节和表现方式来展现短视频的主题，包括人物、场景、事件和转折点等，并对此做出一个详细的规划。例如，短视频的主题是表现大学生初入社会的艰辛，那么人物设定可以是一个从贫困山区考入繁华都市的大学生，事件是该大学生毕业后找工作屡次碰壁、没钱租房、为了省钱走路去面试等。在这一环节，可以设置很多这样的情节和冲突来表现主题，最终形成一个完整的故事。

### 3. 细节填充

短视频内容的质量好坏很多时候体现在一些细节上，可能是一句打动人心的台词，也可能是某件唤起用户记忆的道具。细节最大的作用就是加强用户的代入感，调动用户的情绪，让短视频的内容更具感染力，从而获得用户的关注。在撰写短视频内容脚本时，常见的细节包括以下一些要素。

（1）台词

一般而言，短视频内容无论有没有人物对话，台词都是必不可少的，短视频脚本中应该根据不同的场景和镜头设置合适的台词。台词是为了镜头表达准备的，可起到画龙点睛、加强人设、助推剧情、吸引用户等作用。脚本中创作的台词最好精练且恰到好处，并以能够充分表达内容主题为宜。

（2）时长

时长通常指的是单个镜头时长，在撰写脚本时，需要根据短视频整体的时间以及故事主题和主要矛盾、冲突等因素来确定每个镜头的时长，以充分地表现整体的故事性，同时也方便后期进行剪辑处理。

（3）道具

在整个短视频内容中，好的道具不仅能够助推剧情，还有助于角色人设的树立，以及优化短视频内容的呈现效果。可以说，选择足够精准、妥帖的道具会在很大程度上对短视频发布后的流量曝光、短视频平台对短视频质量的判断、用户的点赞和互动数产生积极的影响。

思政课堂

### 人民时评：激发短视频的正向社会价值

当前，我国网络视听行业在健康轨道上加速发展。数据显示，截至2020年底，网络短视频用户规模达9.27亿，其中短视频用户规模达8.73亿。用户规模大、技术更迭快，成为这一领域创新发展的重要特点。越是面对黏性高的用户群，越是借助人工智能、5G等新技术新业态，网络视听特别是短视频就越应该保持正确方向，实现高质量创新性发展，以质量优势、创新能力放大主旋律、增强正能量。

传播当代中国价值理念、体现中华优秀文化精髓、反映中国人民审美追求、传播新时代中国奋进力量，应该成为短视频内容的重要着力点。从这个意义上说，启迪心智、温润心灵、引领风尚，是短视频创作的出发点和落脚点。只有把社会效益放在首位，做到讲格调讲品位、讲责任讲格局，才能弘扬正气新风，在网络空间传播正能量。

加强短视频内容建设、丰富精品创作，是短视频健康持续发展的重要课题。人们观看短视频，不仅需要轻松有趣的叙事，而且需要独具匠心的视角。这同人民群众日益增长的美好生活需要息息相关，也关乎如何过好数字生活。无论是推动党的创新理论“飞入寻常百姓家”，还是讲好新时代中国故事，都需要在视听特色、表达方式、技术运用、细节挖掘、认知拓宽等方面下功夫，于润物细无声中开展理想信念教育、凝聚精神文化力量。

当前，短视频创作紧贴时代潮流，不断打开新空间。网络空间天朗气清、生态良好，符合人民利益。把好导向关、内容关、质量关、传播关，品质为先、守正创新，才能构筑美好数字生活新图景、健康网络生态新局面。

## 学习单元3 短视频拍摄准备

在进行短视频拍摄前，需要做好前期的全部准备工作，包括人、物、场的准备，以及拍摄道具的选择。

### 一、人、物、场的准备

短视频脚本准备好之后，就要开始进行短视频团队、道具、服装等相关准备工作。在拍摄短视频时，短视频创作团队要选择合适的拍摄器材，确定表现手法和拍摄场景，用合适的机位、灯光布局和收音系统保证拍摄工作的有序进行。

### 1. 拍摄团队的准备

对于短视频拍摄来说，组建一个高效、负责的拍摄团队十分重要，这是进行短视频拍摄前首先要解决的问题。

短视频拍摄团队根据分工的不同，大致包括导演、演员、摄影、灯光、化妆、道具等工作岗位。在组建拍摄团队时，要根据这几个工作岗位进行组建，然后进行拍摄团队的分工（见表 2-3-1）。

表 2-3-1 拍摄团队分工表

| 工作岗位 | 主要职责内容 |
|---|---|
| 导演 | 短视频拍摄的组织者和领导者，对短视频内容进行整体统筹规划，在拍摄团队中发挥核心作用 |
| 演员 | 在短视频中根据要求扮演指定的角色，演员要具备表现人物特点的能力 |
| 摄影 | 使用各种拍摄设备，完成短视频的具体拍摄和与拍摄相关的工作 |
| 灯光 | 利用各种灯具，根据拍摄要求打造各种光影环境 |
| 化妆 | 根据拍摄要求为演员化妆、补妆 |
| 道具 | 负责场景、道具的布置和使用 |

### 2. 道具、服装的准备

在完成短视频拍摄团队的搭建之后，还需要进行道具、服装等相关准备工作。

（1）道具的准备

根据所起的作用不同，道具可分为场景道具和表演道具。场景道具用于布置场景，表演道具用于演员表演。例如，短视频的剧情设置在校园，那么桌椅、黑板等就是场景道具，而扮演学生的演员所穿的校服就是表演道具。

（2）服装的准备

演员服装的准备要根据人物的性格特点进行挑选。所选的服装既要有辨识度，又要符合短视频中的人设定位。

### 3. 拍摄场地的准备

在开始拍摄前，还需要做好拍摄场地的准备工作。

在选择拍摄场地时，首先要确定是在室内还是室外进行拍摄。如果拍摄场地在室内，那么需要根据短视频脚本来搭建摄影棚，确定拍摄风格。室内的场地需要构建场景，准备能衬托环境的背景布和道具。在室内布置拍摄场地比较容易把控，而且不易受外界环境影响。

如果是在室外拍摄，就需要寻找与短视频脚本相契合的场地。室外场地不需要进行太过复杂的布置，但易受外界因素如天气、光线、场外人员等的影响，不易把控拍摄过程。

### 4. 拍摄设备的选择

短视频的拍摄需要用到各种设备，因此在进行短视频拍摄之前需要选择合适的拍摄设备。合适的拍摄设备可以让短视频创作者在拍摄过程中更加得心应手。下面介绍常用的短视频拍摄设备。

（1）摄像设备

短视频常用的摄像设备主要有智能手机、微单相机、单反相机、运动相机、卡片机、无人机等。在选择摄像设备时，可以按照器材的功能，如清晰度、变焦、防抖、使用便捷性、手动控制功能等来选择。

1）智能手机。智能手机的摄像技术在近几年得到了长足的发展，拍摄性能越来越强大，从原来的单摄发展为双摄、三摄、四摄甚至五摄，还配置有广角、超广角、长焦、人像镜头、微距镜头等功能，可以很好地满足短视频拍摄的需求，如图 2-3-1 所示。

2）相机。拍摄短视频理想的相机特点是：广角、防抖、轻巧、翻转屏、高画质、可以外接麦克风。在短视频的拍摄中，常用的相机有单反相机、微单相机、运动相机、卡片机、无人机等。

①单反相机。单反是指单镜头反光，是一种常用的取景系统。在这种系统中，反光镜和棱镜的独到设计使得摄影者可以从取景器中直接观察到通过镜头的影像。单反相机的特点是可以更换不同规格的镜头，以获得不同视角、不同景深的画面，如图 2-3-2 所示。

图 2-3-1　智能手机

图 2-3-2　单反相机

②微单相机。微单相机与单反相机相比尺寸更轻巧，但画质与单反相机相比几乎没有区别，如图 2-3-3 所示。

③运动相机。拍摄短视频时，最常用的是 GoPro，如图 2-3-4 所示。GoPro 具有广

角功能且足够小巧，长时间手持拍摄也不会让人感觉到疲劳，将其安装到其他器材上也很稳固，特别适合手持行走、跑动拍摄，以及在移动的交通工具上进行拍摄。

图 2-3-3　微单相机

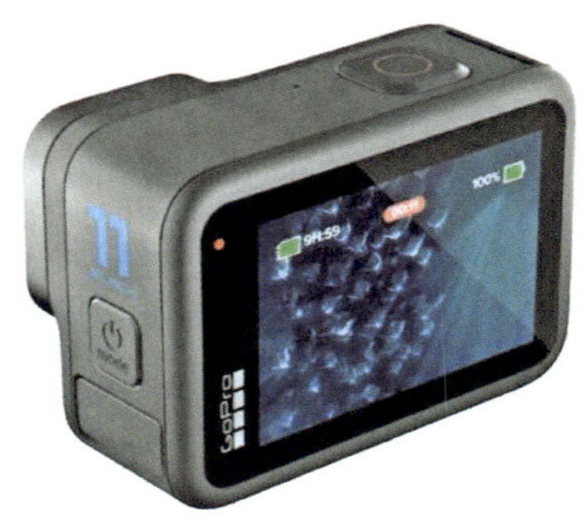


图 2-3-4　GoPro

④卡片机。这类相机非常小巧，甚至可以很方便地放进口袋里，很适合拍摄短视频使用，如图 2-3-5 所示。

⑤无人机。无人机是一种通过无线电遥控设备或机载计算机控制系统来操控的不载人飞行器，用它拍摄短视频可以从高空的视角航拍地面，能够拍摄出极具视觉震撼力的短视频，如图 2-3-6 所示。

图 2-3-5　卡片机

图 2-3-6　无人机

（2）灯光设备

拍摄短视频常用的灯光设备包括冷光灯、LED 灯、散光灯等。其中，冷光灯常用作照明，LED 灯常用作补光，散光灯常用作正面照射或打亮背景。在使用灯光设备时，通常还需要配备一些相应的照明附件，如柔光板、柔光箱、反光板、方格栅、长嘴灯罩、滤镜、旗板、调光器和色板等，以打造适合不同场景的灯光效果。

（3）收声设备

在短视频拍摄中，常用的收声设备为麦克风，具体包括指向性麦克风、领夹式麦克风、立体声麦克风和大振膜麦克风等。

1）指向性麦克风。指向性麦克风录制的声音以被拍摄对象为主，不太会录入周边环境的声音。

2）领夹式麦克风。领夹式麦克风一般安装在领口位置，头部的左右小幅度转动并不会对收音效果产生太大影响。由于领夹式麦克风离嘴部很近，所以录入内容以清晰的人声为主，周围环境的声音只有少量能够被录入。户外录音，或者在没有经过声学优化的房间中录音时，与使用指向性麦克风相比较而言，使用领夹式麦克风能获得较好的效果。

3）立体声麦克风。立体声麦克风一般采用两个或多个麦克风，分别放置在不同的位置，以对同一声源进行捕捉。通过将不同位置的声音分别放在不同的声道中，实现立体音效。

4）大振膜麦克风。大振膜麦克风的振膜比较大，具有极高的灵敏度，可以录制十分细腻的音频。因此，大振膜麦克风很适合录制要求较高的知识分享型短视频和短视频的旁白。

（4）稳定设备

稳定设备是指能够保持拍摄器材的稳定，使短视频画面不会产生抖动的设备。常见的稳定设备主要有三脚架、稳定器和滑轨等。

1）三脚架。三脚架是固定拍摄器材的稳定设备。不同的拍摄需求要搭载不同的拍摄器材，因此，三脚架也分为很多种类，常用的主要有迷你三脚架和相机三脚架。

①迷你三脚架。智能手机、运动相机和卡片机都比较轻，使用轻型的迷你三脚架就能支撑拍摄器材的自重，如图 2-3-7 所示。

②相机三脚架。对于短视频拍摄中经常使用的单反相机，需要专门的相机三脚架进行固定。相机三脚架比较坚固，稳定性好，可以很好地辅助单反相机完成短视频的拍摄，如图 2-3-8 所示。

图 2-3-7　迷你三脚架

图 2-3-8　相机三脚架

2）稳定器。稳定器是保持相机稳定和实现平滑运镜的摄影周边器材（见图 2-3-9），稳定器的全称是三轴电子手持稳定器。大多数稳定器在拍摄固定机位的短视频时可以抵销摄影师手抖对短视频造成的影响，从而拍摄到稳定的画面。常用的稳定器主要有运动相机稳定器、手机稳定器和相机稳定器等。

3）滑轨。滑轨是左右或上下平移拍摄器材的实用稳定设备，它可以提供直线或曲线的拍摄轨道，将智能手机或单反相机架设在轨道上就能实现移动拍摄，如图 2-3-10 所示。对于短视频而言，使用滑轨可以拍摄、制作出媲美电影的画面效果，但其布置和安装较为麻烦。

图 2-3-9　稳定器

图 2-3-10　滑轨

## 实训任务

任务描述：

现需要拍摄一个你所在区域的特色农产品宣传短视频。短视频主要展现特色农产品的生产过程、种植环境、加工工艺等，使用户能够更直观地了解产品的来源和生产过程。拍摄前需要撰写短视频的分镜头脚本，用来详细说明特色农产品宣传短视频的拍摄内容，见表 2-3-2。

表 2-3-2　某特色农产品短视频拍摄分镜头脚本

| ________特色农产品短视频拍摄分镜头脚本计划表 | |
|---|---|
| 主题 | |
| 拍摄风格 | |
| 工作人员 | |
| 道具 | |

续表

| 拍摄场景 | 镜号 | 画面内容 | 景别 | 台词 / 旁白 | 音效 | 时长 | 备注 |
|---|---|---|---|---|---|---|---|
| | 1 | | | | | | |
| | 2 | | | | | | |
| | 3 | | | | | | |
| | 4 | | | | | | |

任务目标：

掌握确定短视频选题和设计短视频内容的方法，进一步巩固短视频脚本撰写的相关知识。

## 思考与练习

1. 简述短视频策划中进行用户定位的步骤。
2. 分镜头脚本主要包括哪些内容？
3. 简述短视频拍摄团队的分工及岗位职责。
4. 常用的短视频拍摄稳定设备有哪些？

# 模块三 短视频拍摄

学习目标

1. 了解短视频拍摄的规范及要求
2. 了解短视频拍摄时应注意的事项
3. 了解短视频拍摄的主要构图方式
4. 掌握短视频拍摄时的光线选取技巧
5. 掌握短视频常见的运镜模式
6. 能完成简单的短视频拍摄
7. 能根据不同条件调整短视频拍摄方式
8. 能综合应用短视频常见运镜模式

## 学习单元 1 短视频拍摄过程的把控

### 一、短视频拍摄规范

短视频拍摄必须遵循以下规范。

（1）短视频拍摄过程应遵守国家法律法规的相关规定，禁止传播违法信息和有害信息。

（2）短视频的整体拍摄内容要符合社会主义核心价值观。

（3）短视频拍摄的内容不能违反影视行业相关法律法规及条例。短视频中的音乐、照片和其他内容必须遵守著作权、商标权、专利权等相关法律法规。

（4）短视频拍摄需保护个人隐私。在拍摄短视频时，应避免侵犯他人的隐私权，禁止拍摄、公开他人的私人信息等。

（5）禁止传播违法信息。在拍摄短视频时，禁止传播涉及暴力、恐怖主义、淫秽、色情、赌博等违法影像，以及散布谣言等不实信息。

（6）保护未成年人权益。禁止制作、传播涉及未成年人的色情、暴力、虐待等信息，应保护未成年人的合法权益。

（7）尊重他人肖像权和名誉权。禁止未经他人同意，擅自在短视频中使用他人的肖像，以避免侵犯他人的肖像权和名誉权。

## 二、短视频拍摄要求

为保证短视频质量，短视频拍摄还需要满足以下要求。

### 1. 画面要清晰

画面清晰是保证短视频质量的首要条件，如图 3-1-1 所示。在拍摄过程中，抖动和不对焦都会导致图像模糊。因此，短视频拍摄时应采用与拍摄器材适配的稳定设备，并及时通过手动操作帮助拍摄设备聚焦，以保证短视频拍摄的画面质量。

画面模糊

画面清晰

**图 3-1-1　画面模糊和画面清晰的区别**

### 2. 画面要美观

短视频需要在尽可能短的时间内抓住观看者的眼球，这使得画面的美观性成为吸引用户兴趣和注意力的关键。如果拍摄的短视频画面很美或者画面好感度高，会为短视频带来更多的流量以及转化率。

### 3. 画面分辨率要高

画面分辨率高的短视频更具观赏性。有时候智能手机拍摄出来的短视频会有马赛克出现在画面里，这是由于拍摄时没有预先调整好分辨率。为了保证短视频画面足够清晰，拍摄时应注意将智能手机调整到最大分辨率。

## 三、短视频拍摄方法

短视频拍摄时可以有针对性地参考以下拍摄方法。

### 1. 按时间线拍摄

按时间线拍摄是最常见的形式，即按照早、中、晚的时间点拍下短视频素材（可能会涉及一些特写景物镜头，如晨光、时钟、夕阳等）。一般来说，按时间线拍摄的技术要求不高，是初学者最容易掌握的拍摄方法。以农产品小麦为例，拍摄小麦的生长过程即按照时间线来进行拍摄，如图 3-1-2 所示。

种子萌发、出苗

生根、长叶

分蘖、拔节

孕穗、抽穗

**图 3-1-2　按时间线拍摄小麦生长过程**

### 2. 按地点拍摄

按地点拍摄因为涉及室内、室外和转场，对拍摄的技术要求较高，具有一定的难度，但拍摄出的整体效果会更具感染力。这种拍摄方法多见于旅行拍摄，在丰富视觉内容的同时，也赋予了短视频新鲜独特的特质，如图 3-1-3 所示。

**图 3-1-3　按地点拍摄乡村及务农场景**

### 3. 按主题拍摄

相比前两种方法，按主题拍摄的技术难度最大。除了在拍摄前要想好拍摄的主题外，还要针对这一主题进行多素材的拍摄。例如，一些测评类短视频是基于一个产品功能测评展开的，其间会涉及相关的人、物、工厂、机构、品牌等镜头。虽然拍摄难度较大，但是按主题拍摄的短视频有着其他短视频不具备的长处，它的流量是相对稳定的，且会有比较垂直的“粉丝”人群，如图 3-1-4 所示。

图 3-1-4 按主题拍摄农产品测评短视频

无论采用哪种拍摄方法，真人出镜都会比没有真人出镜的短视频更具流量。此外，短视频的背景过于单一，会显得很呆板。因此，无论采用哪种拍摄方法，都要运用运动的镜头，以提高用户的观感，避免视觉审美疲劳。

# 学习单元 2　短视频拍摄技巧的应用

## 一、画面的构图方法

短视频的本质是将文本语言转换成镜头语言，借助镜头来表达短视频拍摄者的情感和想法，所以构图的重要性不言而喻。一般来说，好的构图可以让镜头中的影像更加立体，更富画面感情。在短视频拍摄过程中，不论是移动镜头，还是静止镜头，拍摄的画面都是静止画面的延伸而已。因此，在摄影中的一些构图方法在拍摄短视频时同样适用。下面介绍一些常用的短视频画面构图方法。

### 1. 九宫格构图法

九宫格构图法是利用画面中的上、下、左、右四条黄金线对画面进行分割。四条线为画面的黄金分割线，它们的交点则为画面的黄金分割点。一般在全景拍摄时，黄金分割点是被摄主体所在的位置。在拍摄人物时，黄金分割点往往是人物眼睛所在的位置。采用九宫格构图法能够使画面呈现出变化与动感，且富有活力。当然，这四个黄金分割点也有不同的视觉感应，上方两点的动感比下方两点的动感强，左侧两点的动感比右侧两点的动感强，重点是要注意视觉平衡问题，如图 3-2-1 所示。

**图 3-2-1　九宫格构图法**

### 2. 中心构图法

中心构图法是将画面中的主要拍摄对象放到画面中间。一般来说，画面中间是人们的视觉焦点。多数时候，人们看到画面时最先看到的是画面的中心点位置。中心构图法的优势在于被摄主体突出、明确，而且画面容易获得左右平衡的效果，如图 3-2-2 所示。

图 3-2-2 中心构图法

### 3. 二分构图法

二分构图法通常用在风景画面的拍摄中，其将画面一分为二，这样拍摄出来的景象更具开阔感，令人心驰神往。另外，二分构图法也可以用在前景与后景区分明显的画面中，如图 3-2-3 所示。

图 3-2-3 二分构图法

### 4. 三分构图法

三分构图法实际上是“黄金分割”的简化版。三分构图法分为横向三分法和纵向三分法，是指把画面分成三等份，每一份的中心都可以放置主体形态，适合表现多形态平行焦点的主体。采用三分构图法拍摄的画面能够鲜明地表现主题。例如，在拍摄带有地平线的风景类短视频时，为了避免地平线处于画面中间而造成整个画面呆板，可以考虑将地平线置于画面的三分之一处。另外，在拍摄人物类短视频时，要避免把人物置于画面中间，应尽可能把人物放在画面的三分线上，这样视觉感会更加强烈，如图 3-2-4 所示。

图 3-2-4　三分构图法

### 5. 对称构图法

对称构图法是按照画面对称轴或对称中心，使画面中的景物形成轴对称或中心对称。对称构图法给人以稳定、安逸、平衡的感觉，适合在拍摄建筑物等内容时使用，但不适合表现快节奏的内容。对称构图法并不讲究完全对称，只要做到形式上的对称即可，如图 3-2-5 所示。

图 3-2-5　对称构图法

### 6. 框架构图法

框架构图法是通过用前景景物做一个“框架”，形成某种遮挡感，以增强构图的空间深度，将视线引向中景、远景处主体，如图 3-2-6 所示。由于框架的亮度往往暗于框内景色的亮度，明暗反差较大，所以在使用这种构图法时要注意框内景物不要曝光过度、框架不要曝光不足。

图 3-2-6　框架构图法

### 7. 水平线构图法

水平线构图法是比较基础的一种构图方法，也是平时运用较多的一种构图方法。水平线构图比较适合场面开阔的风景拍摄，一般情况下用横幅画面，给人一种视觉延伸的感觉。在采用水平线构图法进行构图时，居中水平线可以给人以和谐、稳定的感觉，下移水平线主要强调天空的风景，上移水平线主要强调眼前的景物，多重水平线则会产生一种反复强调的效果。这种构图方法用在短视频中可以让画面充满神秘感，从而激发用户的观看兴趣，如图 3-2-7 所示。

### 8. 垂直线构图法

以垂直线形式进行构图，主要强调被摄主体的高度和纵向气势，多用于表现深度和形式感，给人一种平衡、稳定、雄伟的感觉。在采用垂直线构图法拍摄时，要注意让画面的结构布局疏密有度，以使画面更有新意且富有节奏感，如图 3-2-8 所示。

图 3-2-7　水平线构图法

图 3-2-8　垂直线构图法

### 9. 对角线构图法

对角线构图法是将被摄主体沿画面的对角线方向排列，能够表现出很强的动感、不稳定性和生命力。这种构图方法大多用于描述环境，很少用于表现人物，除非需要表达特定的人物设定。因为这种构图方法具有很强的主观意识，使用此类画面需要大量的前期剧情做铺垫，所以并不是特别适合时长较短的短视频作品，如图 3-2-9 所示。

### 10. 引导线构图法

引导线构图法是利用线条来引导用户的目光，使其汇聚到画面的主要表达对象上。这种构图方法可以让画面中的前后景物相互呼应，形成很强的立体感，并且可以划分画面的结构层次与布局情况，使画面的结构更加分明。这种构图方法适合拍摄大场景、远景画面，如图 3-2-10 所示。

图 3-2-9　对角线构图法

图 3-2-10　引导线构图法

### 11. S 形构图法

S 形构图法是指被摄主体以“S”的形状从前景向中景和后景延伸，使画面形成纵深方向空间关系的视觉感，可以让画面充满灵动的感觉，表现出一种曲线的柔美。S 形构图法的动感效果强烈，既动又稳，不仅适合表现山川、河流、地域等自然景物的起伏变化，也适合表现人体或者物体的曲线，如图 3-2-11 所示。

### 12. 三角形构图法

三角形构图法以三点成面几何构成来安排景物，形成一个稳定的三角形，具有安定、均衡但不失灵活的特点。三角形构图分为正三角形构图、倒三角形构图、不规则三角形构图及多个三角形构图。其中，正三角形构图能够营造出画面整体的安定感，给人以力量强大、无法撼动的印象；倒三角形构图给人一种开放性及不稳定性所产生的紧张感；不规则三角形构图会给人一种灵活性和跃动感；多个三角形构图能表现出热闹的动感，其在溪谷、瀑布、山峦等的拍摄中较为常见，如图 3-2-12 所示。

图 3-2-11　S 形构图法

图 3-2-12　三角形构图法

### 13. 辐射构图法

这种构图方法以被摄主体为中心，让周围的景物呈现扩散放射的状态，可以将用户的注意力集中在被摄主体上，同时带来开阔、舒展和扩散的视觉感受。这种构图方法常用于场面复杂但需要突出被摄主体的场合，或者在人物或景物需要在复杂环境中产生特殊效果时使用。

辐射构图法的特点主要体现在两个方面：一是显著增强画面的张力。以风光类短视频为例，当阳光穿透云层时，运用辐射构图法可以有效地加强画面的视觉冲击力，给人带来深刻的视觉体验；二是辐射构图法有助于更鲜明地突出被摄主体，如图 3-2-13 所示。

图 3-2-13 辐射构图法

## 二、景别的运用方法

景别是指在焦距固定的情况下，由于摄像机与被摄体之间的距离变化，导致被摄体在摄像机成像中呈现出的范围大小有所差异。通常，景别的划分可以分为五种，从远至近依次是远景、全景、中景、近景和特写。短视频拍摄时，通过灵活运用不同的景别，可以增强剧情的叙述效果，更生动地表达人物的思想感情，更精细地处理人物关系，进而提升短视频的艺术感染力。

### 1. 远景

远景是各种景别中拍摄距离最远、表现空间范围最大的一种景别。它通常用于拍摄宏大的环境，能够有效地传递短视频中的主题和情感。如图 3-2-14 所示，短视频中运用远景景别，有助于将用户带入特定的场景或情境中，增强了短视频的整体沉浸感。

### 2. 全景

全景相比远景拍摄的范围稍小，聚焦于展现人物的全身形象或某个场景的整体面貌，旨在更近距离地突出画面主体。在全景的呈现下，用户能够清晰地观察到人物的动作、所处的环境以及人物与环境之间的关系，更深刻地感受到所传递的情感，如图 3-2-15 所示。

图 3-2-14 远景

图 3-2-15 全景

全景的使用场景多样，可以用作短视频的开场，通过展现大场景，为故事引入背景；也可以在短视频中间运用，如用于剧情反转或转场，突出重要情节；在短视频的结尾部分使用全景，能够加深用户对环境的代入感，引发情感共鸣，并让画面深深印刻在用户的脑海中。全景通过其独特的视觉效果，为短视频增添了更丰富、引人入胜的元素。

在才艺类、旅行类短视频中，全景非常适合表现美丽的服装、优雅的人物写真、主角与某个景点的“合照”等；在剧情类短视频中，全景多用于交代环境的信息。除此之外，商品展示型短视频也常用全景展示商品的外观和使用场景。

### 3. 中景

中景通常用于表现画面的主体或核心内容。它能有效地传达人物的动作、肢体语言和面部表情，从而表达出人物当下的情感和状态。

中景在各类场景中都有广泛应用，尤其适用于有对话、动作和情感交流的场景。它不仅能展现人物的全貌，还能突出细节，让用户更深入地了解人物和情境。此外，中景也可以作为从全景到近景的过渡，使画面更自然流畅。目前大部分短视频拍摄中都会应用到中景，如图 3-2-16 所示。

### 4. 近景

近景主要摄取人物或景物某一局部的景别，常用于捕捉和展现人物的表情以及物体的小区域，如图 3-2-17 所示。这种景别通常被应用于需要突出人物面部表情和情感的场景中。通过近景，用户能够更深入地洞察人物的内心变化和情绪，从而与人物产生强烈的共鸣。

图 3-2-16　中景

图 3-2-17　近景

### 5. 特写

特写是在非常近的距离内摄取对象，着重强调人体的某个局部，或者突出展现物体的细节或景物的特定部分。通过特写，用户能够聚焦于局部的动作和细节，更深入地感受人物的情绪变化，或者更清楚地了解物体、景物的特点和细节，如图 3-2-18 所示。

在进行短视频拍摄时，拍摄者可以穿插应用多个景别，避免一直用一种景别导致用户产生视觉疲劳。

图 3-2-18 特写

## 三、景深的运用方法

景深就是背景虚化程度，当镜头对着拍摄主体时，主体与其前后的景物有一段清晰的范围，这就是景深，如图 3-2-19 所示。影响景深的三个因素分别为光圈、镜头焦距和拍摄距离。景深控制是短视频拍摄中不可或缺的重要技术，掌握这项技术能让画面呈现前实后虚的效果，使主体更加突出，或者让整个场景都保持清晰。在使用智能手机进行短视频拍摄时，可以通过调节光圈大小来达到不同的拍摄目的。如果想要强调主体，营造出前实后虚的效果，可以缩小景深；而为了展现主体的每一处细节，则可以选择扩大景深。

因为景深范围内的画面清晰程度不同，所以景深又分为浅景深和深景深。

图 3-2-19 景深

浅景深手法常用于拍摄人像、鲜花、甜品等对象。通过虚化背景，用户的注意力会自然地被吸引到主体上，不仅能突显主体，还能增添一种艺术感。此外，浅景深还能有效地将主体从繁杂的背景中分离出来，消除环境因素对主体的干扰。有时候，这种虚化的背景本身就是一种艺术表现形式，能提升作品的艺术性。

深景深则适用于风景、建筑、室内环境等的拍摄。在拍摄广角风光画面时，通常需要使用小光圈来完成深景深的拍摄，确保画面前后都保持清晰。

## 四、拍摄光线的选择技巧

在短视频拍摄中，光线是十分重要的因素。好的光线布局可以有效提高画面质量，从而吸引用户浏览、点赞以及评论。

不管是室内还是室外，一般来说光线越好，拍摄环境和拍摄主体的清晰度就会越高。当光线不足的时候，短视频画面就会出现噪点，大大地影响短视频的清晰度。以下为短视频拍摄时光线选择的相关技巧。

### 1. 利用自然光进行拍摄

在短视频拍摄中，利用自然光进行拍摄是首选。因为自然光光线柔和，使用起来也比较简单。需要注意的是，自然光的强度和角度会因时间不同而有所变化。通常来说，早晨和傍晚的阳光较为柔和，适合拍摄。中午时分阳光强烈，容易导致过度曝光。因此，最佳的拍摄时间通常是在上午 8 点到 11 点，以及下午 2 点到 5 点。如果自然光线不足，比如在室内或者阴天环境下拍摄，可以考虑使用补光灯来提亮画面。

### 2. 利用道具打出特需光

除了自然光外，拍摄短视频时通常会使用以下道具打出特需光，其主要作用是在缺乏光线的情况下为拍摄过程提供光线。无论是室内还是室外拍摄，都需要选择补光灯来保证短视频画面的亮度。

（1）环形美颜灯

环形美颜灯是一种常用于口播类短视频拍摄的灯光设备，如图 3-2-20 所示。这种灯光设备的优点在于能够提供均匀的曝光和较少的阴影暗区，但如果拍摄主体存在瑕疵，环形美颜灯可能会将这些缺点更加明显地暴露出来。在拍摄人像或直播时，环形美颜灯能够提供柔和的环绕光线，消除阴影，增加被摄主体的立体感，在美妆和时尚类商品短视频拍摄中非常受欢迎。

图 3-2-20　环形美颜灯

（2）球状补光灯

球状光是最适合给人物打光的光源之一。太阳的自然光就是一个典型的球状光源，其光线通过球体的折射，发光面积得以扩大，同时光线也变得更加柔和。随着距离的增加，球状光的照射效果也越来越柔和，这种柔和的光线打在人脸上可以实现非常自然的过渡，让脸部看起来更加平滑细腻。因此，拍摄短视频时，如果想要营造出柔和自然的光线效果，可以考虑使用球状补光灯进行补光，如图 3-2-21 所示。

（3）手持补光棒

手持补光棒是一种形状细长、便携轻便的补光设备，如图 3-2-22 所示。这种补光灯适用于拍摄全身人像、小型场景或需要更大光源面积的拍摄情况，常用于拍摄小型产品、手办、手工制品等，能够使被摄物品细节更清晰、色彩更真实。

图 3-2-21 球状补光灯

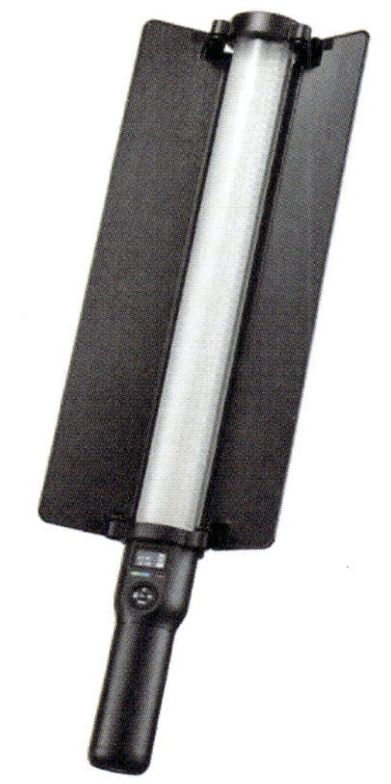

图 3-2-22 手持补光棒

（4）手机自带灯光

如果拍摄场景的环境比较明亮，可以使用手机自带的灯光进行补光和柔化。这种方法简单方便，但是效果相对较弱。

### 3. 注意事项

在选择拍摄光线时，需要注意以下几点。

首先，拍摄人像时应尽量使用柔光，这能够提升画面的美感，并避免出现明显的暗影和曝光过度。如果拍摄环境的光线不够理想，可以手动为拍摄对象打光，以确保其面部的光线清晰。在必要时，还可以使用反光板来调节光线。

其次，拍摄者可以利用光线进行艺术创作，通过选择合适的光线角度和投射方向，拍摄出具有艺术感的影像。例如，使用逆光来营造浪漫的剪影或神秘的氛围，可以为短视频增色不少。

最后，在光线不佳的环境下，尤其是夜晚昏暗的场景中，自然光往往无法满足拍摄需求，此时就可以借助一些带有滤镜的 App 来改善画面质量，或者开启手机的闪光灯功能进行拍摄。另外，购买专业的外置闪光灯也是一个不错的选择，它的光线柔和且可以调节亮度，能让画面更加清晰柔美。

## 五、常见的运镜技巧

优质短视频中，运镜技巧的运用是不可或缺的。与固定机位的拍摄相比，运镜能够呈现更多的场景元素，避免了长时间静态画面带来的视觉疲劳和趣味性的缺失。以下是常见的短视频运镜方式。

### 1. 推镜

常见的运镜技巧

镜头向前推进，聚焦画面中的特定人物或场景，将用户的注意力集中在拍摄主体上。

### 2. 拉镜

镜头向后拉远，展现大环境或场景，通常与升镜结合使用，可以增强情绪的表达。

### 3. 摇镜

摄像机固定位置，通过上下或左右的摇动展示周围的事物，可以使画面更具观赏性。

### 4. 移镜

跟随拍摄主体移动，展示移动中的画面，增强代入感和场景元素的展现。

### 5. 跟镜

摄像机保持焦点在被摄主体上，通常与其他运镜方式结合使用。

### 6. 升镜

镜头从下往上移动拍摄，用于体现被摄主体的高矮和与参照物的对比。

### 7. 降镜

镜头从上往下移动拍摄，常用于营造紧张氛围。

### 8. 俯拍

从上往下拍摄主体，展现场景的整体面貌。

### 9. 仰拍

从下往上拍摄主体，营造高大、庄严的意境。

### 10. 甩镜

镜头快速从一个被摄体转向另一个被摄体，表现急剧的变化，常用于场景转换。

### 11. 主观拍摄

镜头模拟人物视线，展现人物所看到的景象，可视化地表达人物心理。

这些运镜方式结合起来灵活运用，可以使短视频更具张力和动态感，提升用户的观看体验。

## 实训任务

任务描述：

根据上一任务中设计好的分镜头脚本使用横屏拍摄的方式，运用一些运镜方式，完成特色农产品宣传短视频的拍摄工作，生成拍摄素材。

任务目标：

能够将体现在分镜头脚本中的内容运用于实际拍摄中。

## 思考与练习

1. 简述短视频拍摄过程中要遵循的原则。
2. 短视频拍摄中常用的构图方式有哪些？
3. 什么是景别？景别分为哪几种？
4. 在短视频拍摄中，基本的运镜方式有哪些？

# 模块四　短视频剪辑制作

**学习目标**

1. 了解短视频后期剪辑的基本流程
2. 了解常用的短视频剪辑工具
3. 掌握短视频剪辑技巧
4. 掌握剪映 App 和 Premiere 软件的操作方法
5. 能够使用剪映 App 和 Premiere 软件剪辑短视频

## 学习单元 1　短视频剪辑概述

剪辑是通过镜头的组合进行场面构建的过程，即将拍摄的大量素材，经过选择、分解与组接，最终完成一个连贯流畅、含义明确、主题鲜明并有艺术感染力的作品。短视频后期剪辑是短视频后期制作中的一个关键环节。

### 一、短视频剪辑中的常见术语

学习短视频剪辑，需要了解一些专业术语的含义，以便更好地掌握剪辑工作的要义，并且能在一定程度上提升工作效率。短视频剪辑中的常见术语主要有以下几个。

#### 1. 时长

时长是短视频的时间长度，基本单位是 10 秒。

#### 2. 帧

短视频中的画面虽然是动态影像，但这些影像其实都是通过一系列连续的静态图像组成的，在单位时间内的这些静态图像就称为帧。帧是短视频中最小单位的单幅影像画面。

### 3. 帧速率

在短视频中，帧速率是指每秒所包含的帧数，单位为帧 / 秒（常被写作 fps）。帧速率越高，画面越流畅；帧速率越低，则画面越卡顿。

### 4. 像素

像素是组成图像的最小单位，无论是短视频还是图片，所显示的图像都是像素的集合，像素依照某种算法组合显示，构成一幅图像。

### 5. 像素宽高比

像素宽高比又称像素比，是像素的宽度与高度的比值。

### 6. 短视频分辨率

短视频分辨率类似于图像的分辨率，以像素数来计量，理论上短视频分辨率越高，短视频画面越清晰。在短视频中，常见的分辨率有 720 p、1 080 p 和 4 K。

### 7. 码流

码流是指短视频文件在单位时间内使用的数据流量，也称码率，是短视频编码中控制画面质量的重要参数。在分辨率相同的情况下，短视频文件的码流越大，压缩比就越小，画面质量就越好。

### 8. 电视制式

电视制式是电视信号的标准，简称制式，可以简单地理解为传输电视图像或声音信号所采用的一种技术标准。NTSC 和 PAL 是两种主要的电视制式，NTSC 制式的供电频率为 60 Hz，帧速率为 30 帧 / 秒；PAL 制式的供电频率为 50 Hz，帧速率为 25 帧 / 秒。在常见的短视频帧速率中，30 帧 / 秒的帧速率属于 NTSC 制式，而 25 帧 / 秒的帧速率属于 PAL 制式。

### 9. 镜头

镜头是指用拍摄设备拍摄下来的一段连续的画面，或者两个剪辑点之间的短视频片段。短视频实际就是把不同内容的镜头画面相连接，形成一个完整的作品。

### 10. 剪辑点

剪辑点又称剪接点，简单来说就是两个镜头画面相连接的点。由于镜头包括声、画两部分，所以剪辑点也分为画面剪辑点和声音剪辑点。

## 二、剪辑六大要素

剪辑就是借助短视频剪辑软件进行镜头的连接，使镜头的逻辑顺序和结构更严密，生成具有不同表现力的作品。剪辑有六大要素，分别为信息、动机、镜头构图、拍摄视角、连贯性和声音。

### 1. 信息

短视频最重要的是给用户呈现有用的信息，因此剪辑出的每一个镜头都应该是有意义的，能起到给用户传递某种信息的作用。

### 2. 动机

动机是指从一个镜头切换到另一个镜头的原因。动机可以是视觉的，也可以是听觉的，它说明了为什么要从上一个镜头切换到下一个镜头。例如，镜头切换到回忆的画面，动机是被摄对象陷入了回忆中。

### 3. 镜头构图

镜头构图是考虑切入或切出镜头时的一个重要因素，利用恰当的镜头构图可以让画面更加生动活泼，给用户一种身临其境之感。

### 4. 拍摄视角

对于短视频制作来说，确定拍摄视角至关重要。通过精心的角度选择，可以达到最佳的视觉效果。在剪辑过程中，应避免相同景别的切换，以保证视觉的流畅性和多样性。

### 5. 连贯性

连贯性是转场时的关键要素，它确保了剪辑的平稳和流畅，使用户无法察觉到剪辑的痕迹。在剪辑制作中，内容、动作、位置和声音的连贯性是需要特别处理的四个方面。

### 6. 声音

声音是电影中传递信息、解释剧情的有效手段。视听结合是短视频呈现内容、传递信息的最佳方式，它能够确保用户获得丰富而深入的观看体验。

## 三、短视频剪辑软件

当前市场上，短视频剪辑工具的数量和功能都在持续增长。这些工具大致可以分为两类：计算机端剪辑软件和手机端剪辑软件。

### 1. 计算机端剪辑软件

（1）Adobe Premiere Pro CC

Adobe Premiere Pro CC 是 Adobe 公司推出的一款视频编辑软件，被广泛应用于广告和电视节目的制作中，其优点包括出色的画面质量、良好的兼容性以及与其他 Adobe 软件的协同工作能力等。此外，它提供了从采集到输出的一整套工作流程，非常适合专业用户使用。

（2）会声会影软件

会声会影是一款面向个人和家庭用户的短视频编辑软件。它具有图像抓取和编修功能，可以转换多种格式的视频文件。此外，会声会影还提供了丰富的转场特效、滤镜、覆叠效果和标题样式，可帮助用户制作出更具吸引力的短视频。

（3）蜜蜂剪辑软件

蜜蜂剪辑是一款功能专业、操作简单的短视频剪辑软件，可快速裁剪、分割、合并短视频，给短视频加字幕、去水印、添加背景音乐、调色、添加倒放效果，还具有快进慢放语音和字幕互转、绿幕抠图以及制作画中画等功能。

（4）EDIUS

EDIUS 是一款专门用于后期制作的非线性剪辑软件。该软件拥有高效的工作流程，提供了实时、多轨道、多格式混编、合成、色键、字幕以及时间线输出等一系列强大功能。除了支持标准的 EDIUS 系列格式，EDIUS 还兼容 Infinity™ JPEG 2000、DVCPRO、P2、VariCam、Ikegami GigaFlash、MXF、XDCAM 和 XDCAM EX 等多种格式，为用户提供了广泛的选择空间。此外，EDIUS 还支持所有摄像设备，确保与各种设备的无缝对接，这使得 EDIUS 成为专业剪辑师和后期制作团队的首选工具。

### 2. 手机端剪辑软件

当前市场上有大量的 App 可以用于短视频的拍摄和剪辑。以下是几款常用的短视频剪辑 App。

（1）剪映

剪映是 2019 年上线的一款由抖音官方推出的手机短视频剪辑应用。它涵盖从剪辑制作到发布的完整功能，为用户提供了丰富的滤镜、美颜效果，曲库资源以及各种创新教程。使用剪映，用户可以轻松地在手机上完成短视频的剪辑和制作。

（2）快影

快影是快手推出的一款功能齐全、操作简便的短视频拍摄、剪辑和制作工具。它提供了分割、修剪、复制、旋转、拼接、倒放、变速和比例调整等一系列功能。此外，快影还拥有丰富的音乐库、音效库和新式封面，使用户能够在手机上轻松完成短视频的编辑和制作。

（3）秒剪

秒剪是腾讯推出的一款短视频剪辑软件。该软件不仅提供了手动剪辑功能，还引入了自动的 AI（人工智能）剪辑技术。除了基本的剪辑功能外，秒剪还包含大量模板，并提供文字录音转短视频等实用功能，利用这些功能，用户可实现更加便捷和高效的短视频剪辑体验。

# 学习单元 2　短视频后期剪辑技巧应用

## 一、短视频剪辑的基本流程

在完成拍摄之后，短视频的创作即进入剪辑阶段。在此阶段，剪辑人员需要运用专业剪辑软件对短视频素材进行后期处理，包括剪辑、配音、调色、字幕添加和特效应用等，以制作出完整的短视频作品。以下是短视频后期剪辑的基本流程。

### 1. 素材整理

剪辑人员首先需要浏览所有前期拍摄的短视频素材，熟悉内容。然后要对这些素材进行整理和编辑，按照时间顺序或者剧情进行编号分类。整理过程中要确保分类清晰，以提高剪辑效率。

### 2. 设计剪辑方案

在整理完素材后，剪辑人员需要深入理解短视频脚本，明确剪辑思路，了解脚本中对镜头和画面效果的要求，并根据整理好的素材设计出整个剪辑方案，明确工作重点。

### 3. 短视频粗剪

粗剪是从所有素材中筛选出符合脚本需求且画质优良的素材，按照短视频结构和编辑方案重新组合，形成短视频初稿，确保画面和内容逻辑连贯。

### 4. 短视频精剪

在粗剪的基础上，精剪要求对短视频进行细致观察和深入分析，剔除多余画面，进行调色并添加滤镜、特效和转场，以增强短视频的视觉吸引力。

### 5. 成片输出

完成精剪后，剪辑人员可以对短视频进行微调优化，添加字幕、背景音乐或音效、解说，并加入片头、片尾，形成完整的短视频作品。最后，根据短视频平台要求输出相应版本，并确保备份，以防作品损坏或丢失。

## 二、短视频剪辑的原则

为了将拍摄的素材巧妙地组合成完整的作品，强化主题并提升艺术感染力，短视频剪辑过程中应遵循以下六大原则。

### 1. 突出主题

突出主题并确保内容逻辑连贯是短视频剪辑的基本要求。在剪辑时，不应仅仅追求视觉上的连贯性，更应按照内容逻辑，通过内在的思想实现镜头的流畅切换，达到内容与形式的和谐统一。

### 2. 遵循“轴线规律”

遵循“轴线规律”指的是组接的画面不能跳轴。剪辑时，应注意前后镜头要位于主体运动轴线的同一侧，除非有特殊需求，否则跳轴的画面无法进行组接。

### 3. 剪辑时“动接动、静接静”

短视频由各种镜头组成，包括运动镜头和固定镜头。在剪辑时，如果前一个镜头的主体是运动的，那么组接的下一个镜头的主体也应该是运动的；同样地，如果前一个镜头的主体是静止的，那么下一个镜头的主体也应该是静止的。

### 4. 景别变化循序渐进

组接镜头时，景别的变化不应过大，以免给用户带来突兀感。通常，人们观察事物的习惯是先整体后局部。因此，在剪辑时，从全景逐渐过渡到中景和近景，会显得更加自然、流畅。

### 5. 保持影调和色调的统一

影调和色调是影响画面整体氛围的关键因素。在剪辑过程中，要注意保持剪接素材的影调和色调相对一致。如果两个镜头的色调反差过大，会导致画面显得生硬和不连贯，从而影响内容的传达。

### 6. 注意控制每个镜头的时间长度

每个镜头的停滞时间应根据内容的难易程度、用户的接受能力以及构图等因素来综合考量。大景别的镜头（如远景、中景）包含的内容较多，用户需要更多的时间来观察和理解；而小景别的镜头（如近景、特写）包含的内容较少，用户可以更快地获取信息。因此，在剪辑时，要根据实际情况调整每个镜头的停留时间。

## 三、短视频背景音乐的选择原则

对于短视频创作，背景音乐在营造氛围、调动情绪上扮演着关键角色。选择恰当的背景音乐不仅能增强用户的情感共鸣，还可以增加短视频的观看时长和用户的参与度。在选择背景音乐时，应遵循以下三大原则。

### 1. 背景音乐与短视频风格一致

不同类型的短视频有不同的主题和情感表达，其背景音乐的风格应与短视频内容保持高度一致。例如，美食类短视频往往带给用户轻松愉悦的感受，适合选择轻快、欢愉的音乐；美妆类短视频面向的主要是年轻人群，可以选择具有时尚感和节奏感的音乐；旅行类短视频则可以根据风景的特点选取相应风格的音乐，如表现大气磅礴的风景可以选用宏大的音乐，表现古色古香的建筑可以选择古典音乐或民谣等。总之，确保音乐与短视频内容在风格和情感上相匹配，能够增强用户的情感共鸣。

### 2. 背景音乐节奏与画面节奏相契合

短视频的画面节奏和背景音乐的节奏应高度契合，以确保整个短视频看起来和谐、有代入感。在剪辑过程中，需要整体把控短视频的节奏，明确高潮、转折点的位置，并确定何时切入音乐、何时保留原声。

### 3. 避免背景音乐过于突出

背景音乐的本质是服务于短视频内容。高品质的背景音乐应与内容融为一体，起到画龙点睛的作用，使内容更加饱满、主题更加突出，同时调动用户的情感。一般来说，如果背景音乐的风格过于强烈或表达的内容过于突出，导致短视频内容被掩盖，这对于创作者而言是本末倒置的。因此，在选择背景音乐时，应确保音乐能够增强短视频内容，而不是抢其风头。

思政课堂

## 擅用背景音乐可能构成侵权

通常情况下，短视频平台在用户协议中，会要求用户保证上传的音频等素材为用户原创或已经取得合法授权。在未取得音乐作品合法授权时，自行制作短视频，并添加背景音乐上传平台有可能构成侵权。

如果需要使用音乐作品创作短视频，应当直接使用短视频平台提供的音乐并依托平台进行发布。

一般而言，短视频平台自行提供的音乐，会通过直接购买、与版权平台合作等方式取得音乐授权，再由平台方授权其用户用以制作短视频，但用户在使用音乐过程中仍然需要注意以下三点：

一是用户制作的短视频只能在该平台范围内使用，如到其他平台进行发布，仍会构成对音乐权利人的侵权。同时，用户必须使用短视频平台提供的音乐，而不能自行使用音源不明的音乐。

二是平台方提供的音乐虽大部分已取得授权，但也并非绝对。音乐授权的范围完全取决于权利人而用户无从得知，用户在选取平台音乐时，仍有必要通过平台方提供的“版权查验”等功能对音乐是否有授权进一步确认，如此才可在发生纠纷时主张平台方兜底担责。

三是用户制作短视频仅限于个人使用目的，短视频平台并不对用户以商业为目的使用负责，商业使用仍需要用户自行获取特定歌曲的商用版权授权。

## 四、常用的短视频转场技巧

转场是指短视频段落与段落、场景与场景之间的过渡或转换。短视频转场是剪辑短视频中常见的特效处理方式，为了使画面在切换过程中保持短视频的流畅度，转场是必不可少的剪辑技巧。短视频转场分为无技巧转场和技巧转场两种类型，下面详细介绍这两种常见的短视频转场技巧。

### 1. 无技巧转场

无技巧转场是指用镜头自然过渡来连接前后两段场景，即场景的过渡不依靠后期的特效制作，而是在前期拍摄时在镜头内埋入一些线索，使两个场景实现视觉上的流畅转换。

值得注意的是，无技巧转场不是不需要技巧，而是需要更具匠心的艺术考虑，在镜头拍摄安排上不仅要有所设计，而且要精心选择，只有前后镜头具备了合理的过渡因素，直接切换才能起到承上启下、分割场次的作用。

运用无技巧转场时，应注意在前后镜头中寻找合理的转换因素，从而实现视觉上的流畅性。无技巧转场的应用方法主要有以下几种。

（1）利用相似性因素转场

利用相似性因素转场是指前后镜头具有相同或相似的主体形象，或者在运动方向、速度、色彩等方面具有一致性等，以此来达到视觉连续、转场顺畅的目的。例如，前一个镜头为盘中的月饼，后一个镜头跳转为月亮，如图 4-2-1 所示。巧妙运用前后镜头的相似关联，减少视觉变动元素，符合人们逐步感知事物的规律，场景转换自如。

**图 4-2-1　前一个镜头为盘中的月饼，后一个镜头跳转为月亮**

（2）利用承接因素转场

利用承接因素转场是指利用前后镜头之间内容上的某种呼应、动作上的连续或者情节上的连贯，使段落过渡顺理成章。有时，利用承接因素还可以制造错觉，使场面转换既流畅又有戏剧效果。例如，前一个镜头准备去车站接人，后一个镜头切换到车站外景，这就是利用情节关联直接转换场景。

（3）利用反差因素转场

利用反差因素转场是指利用前后镜头在景别、动静变化等方面的巨大反差和对比，来形成明显的段落间隔，这种方法适合于大段落的转换，其常见方式是两极景别的运用，由于前后镜头在景别上的悬殊对比，能制造明显的间隔效果，段落感强，有助于加强节奏。例如，前一个是全景或远景镜头，后一个是特写镜头，两极镜头转场可以大幅度省略无关紧要的过程，通过在动中转静或静中转动来赋予用户强烈的直观感受，如图 4-2-2 所示。一般来说，前一段落大景别结束，下一段落小景别开场，叙述节奏加快，场景转换有力；反之，前一段落小景别结束，后一段落大景别开始，段落分隔效果明显，叙述节奏相对从容。

图 4-2-2　远景镜头接特写镜头

（4）利用遮挡元素（或称挡黑镜头）转场

遮挡是指镜头被画面内某个形象暂时挡住，依据遮挡方式不同，大致可分为两类情形：一是主体迎面而来挡黑摄像机镜头，形成暂时黑画面；二是画面内前景暂时挡住画面内其他形象，成为覆盖画面的唯一形象。例如，在大街上的镜头，前景闪过的汽车可能会在某一片刻挡住其他形象。当画面形象被挡黑或完全遮挡时，一般也都是镜头切换点，它通常表示时间、地点的变化。主体挡黑通常在视觉上能给人以较强的冲击，同时制造视觉悬念，而且可以加快画面的叙述节奏。

（5）利用运动镜头或动势转场

利用运动镜头转场是指利用摄像机的运动来完成地点的转换或者利用前后镜头中人物、交通工具等动势的可衔接性及动作的相似性，作为场景或时空转换的手段。这样的转场技巧由于运动的冲击力和本身的连贯性，所以一旦找准前后镜头主体动作的剪辑点，场景转换会非常顺畅。这种转场方式大多强调前后段落的内在关联性。例如，人物从前一镜头走出画面，再从另一环境的镜头中走入画面，就是利用了动势转场。

（6）利用景物镜头（或称空镜）转场

利用景物镜头转场是指借助景物镜头作为两个大段落间隔。景物镜头大致包括两类：一类是以景为主、物为陪衬，如群山、山村、田野、天空等镜头转场（见图 4-2-3），既可以展示不同的地理环境、景物风貌，又能表现时间和季节的变化。另一类是以物为主、景为陪衬的镜头，如飞驰而过的火车、街头的人流（见图 4-2-4）、街道上的汽车以及室内陈设、建筑雕塑等各种静物镜头转场。

图 4-2-3　天空空镜头素材

图 4-2-4　街头人流空镜头素材

运用景物镜头转场时，具体镜头的选择应与前后镜头的内容情绪相关联，同时还要考虑与画面造型匹配的问题。

（7）利用音乐、音响、解说词、对白等和画面的配合转场

利用音乐、音响、解说词、对白等和画面的配合，可以实现流畅的转场效果。具体有以下几种转场方式。

1）利用声音过渡的和谐性自然转换到下一段落，其中，主要方式是声音的延续、声音的提前进入、前后段落声音相似部分的叠化等。利用声音的吸引作用，弱化画面转换、段落变化时的视觉跳动。

2）利用声音的呼应关系实现时空大幅度转换。例如，在调查性节目中，经常用同一问题采访不同对象，剪辑中，可以利用回答中的呼应关系，连接不同的时空，甚至剪辑出相互交锋的效果。

3）利用前后声音的反差，加大段落间隔，加强节奏性，其表现常常是某声音突然戛然而止，镜头转换到下一段落，或者下一段落声音突然增大或出现，利用声音吸引力促使人们关注下一段落。例如，前一个镜头是一个人在家安静地学习，后一个镜头是热闹的足球场，利用突如其来的比赛现场的嘈杂声直接切换场景。

（8）利用特写转场

利用特写转场是指无论前一组镜头的最后一个镜头是什么，后一组镜头都是从特写开始。特写具有强调画面细节的特点，可以暂时集中人的注意力，因此，特写转场可以在一定程度上弱化时空或段落转换的视觉跳动，如图 4-2-5 所示。

a）

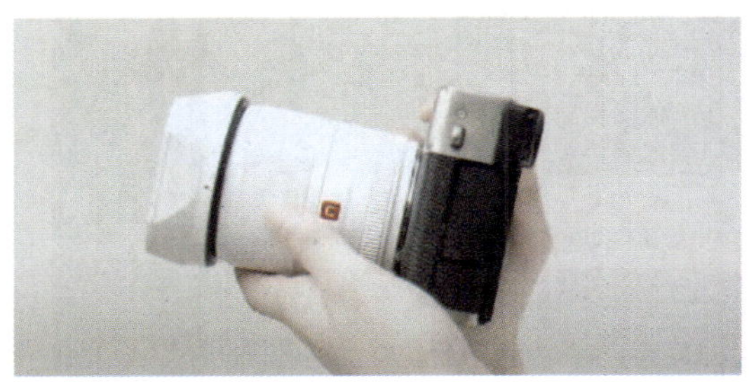

b）

**图 4-2-5 利用特写转场**

a）前一个镜头是手拿相机特写镜头 b）后一个镜头接手端起相机特写镜头

（9）利用主观镜头转场

主观镜头是指借人物视觉方向所拍的镜头，利用主观镜头转场就是按前后镜头间的逻辑关系来处理场面转换问题，一般用于大时空转换。例如，前一个镜头是人物抬头凝望，后一个镜头是其所看到的场景。

（10）隐喻式转场

隐喻式转场是一种独特而富有深意的转场技巧，它通过对比组接的方式，将两个或多个场景、情境或意义相互关联起来，从而实现流畅的过渡。这种转场方式不仅仅是为

了场景切换，更是一种艺术表达，能够给用户带来深刻的思考和感知。例如，镜头中的人物在经历了一段挫折后，画面渐渐模糊，并逐渐过渡到一个春暖花开的场景。这里的春天象征着新生和希望，通过隐喻式转场，用户能够深刻理解到人物内心重生的内涵。

### 2. 技巧转场

技巧转场是指通过电子特技或后期软件处理两个画面的剪辑，主要包括叠化、淡入淡出、划像（二维）、定格、翻转画面和多画屏分切等技巧。

（1）叠化

叠化是通过将前一个镜头与后一个镜头的叠加，实现画面逐渐过渡的过程。这种技巧可以用于表现时间流逝、空间变化和插叙回忆等场景，如图 4-2-6 所示。

（2）淡入淡出

淡入淡出是通过画面逐渐隐去或显现来实现转场，常用于根据情节、情绪和节奏需求进行段落切换。有时在淡入与淡出之间插入黑场，以营造间歇感，如图 4-2-7 所示。

图 4-2-6　叠化转场效果

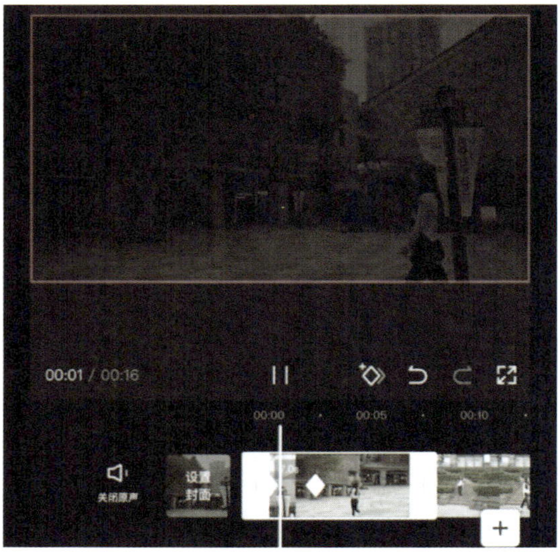

图 4-2-7　淡入淡出转场效果

（3）划像（二维）

划像（二维）包括划出和划入，通过画面从某一方向退出或进入来实现转场。这种技巧适用于两个内容意义差别较大的段落之间的转换，可根据需要选择横划、竖划或对角线划等，如图 4-2-8 所示。

图 4-2-8　划像转场效果

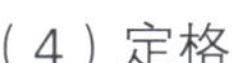

（4）定格

定格转场是将上一段落的结尾画面作静态处理，产生视觉停顿后再出现下一个画面，适用于不同主题段落间的转换。定格转场可强调主体形象、细节，制造悬念，表达主观感受，或增强视觉冲击力，常用于片尾或重要段落结尾，如图 4-2-9 所示。

图 4-2-9 定格转场效果

（5）翻转画面

翻转画面转场通过画面以屏幕中线为轴转动，实现正反面画面的切换。这种技巧适用于对比性或对照性较强的两个段落之间的转换，如图 4-2-10 所示。

（6）多画屏分切

多画屏分切是将屏幕一分为多，展示多重剧情并列发展的技巧。这种方法可以压缩时间，深化短视频内涵，丰富画面信息，如图 4-2-11 所示。

图 4-2-10 翻转画面转场效果

图 4-2-11 多画屏分切转场效果

这些技巧转场方法可以根据创作需求和场景特点灵活运用，为短视频增添动感和连贯性，提升用户的视觉体验。

# 学习单元 3 剪映 App 的使用

## 一、剪映 App 功能

剪映 App（以下简称剪映）是抖音官方推出的一款移动短视频编辑工具，它功能完备，主要包括剪辑功能、特效功能、音频调整功能，还具有海量素材库，可以与抖音进行无缝衔接，非常适合短视频创作新手使用。

### 1. 剪辑功能

剪辑功能是剪映最主要的功能之一。通过剪辑功能，用户可以对短视频进行剪辑、拆分、删除和复制等操作，从而达到短视频剪辑的效果。

### 2. 特效功能

用户可以使用剪映内置的特效功能，给短视频素材添加各种颜色滤镜、画面特效、人物特效等，帮助短视频呈现更丰富的效果。

### 3. 音频调整功能

音频调整功能是剪映的另一个主要功能。通过音频调整功能，用户可以调整音频的音量、音调、音效等，同时还可以对短视频中的音频进行剪辑，如把不需要的音频去除或者剪辑成创作者想要的音频，也可以导入外部音乐来制作短视频。

### 4. 海量素材库

剪映内置了海量素材库，用户可以直接在素材库中选择素材进行添加，这些素材包括滤镜、特效、贴纸、字体和音乐等，可以让用户在进行短视频剪辑时节省大量的时间和精力。

## 二、剪映 App 主界面

在手机屏幕上点击“剪映”图标，打开剪映，如图 4-3-1 所示，进入主界面。

剪映主界面主要包括以下几个部分。

### 1. 功能栏

功能栏位于主界面最上方，包括一键成片、图文成片、拍摄、创作脚本、录屏、提词器、美颜等功能，如图 4-3-2 所示。

图 4-3-1　剪映主界面

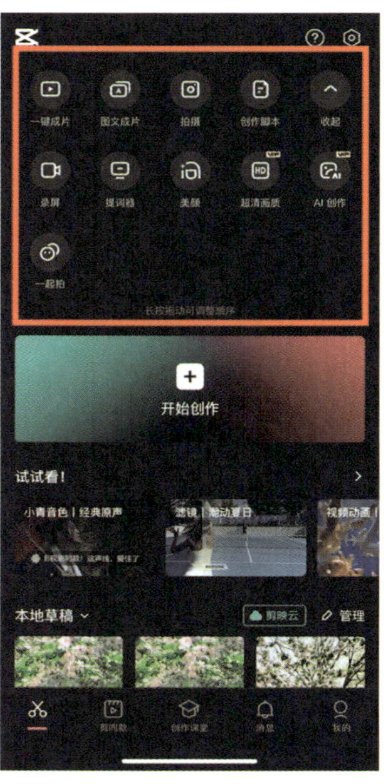


图 4-3-2　剪映功能栏

其中，使用剪映的“一键成片”功能，用户只需将拍摄的短视频或图片素材导入剪映中，程序会自动识别素材内容，并智能地一键生成短视频；“图文成片”功能用于制作以文案为主的短视频，可以一键将文案内容转换为短视频。

### 2. 开始创作

点击“开始创作”，即可启动短视频剪辑功能。剪辑功能是剪映的主要功能，也是最重要的功能。

### 3. 本地草稿

“本地草稿”是剪映中用于存储用户历史剪辑模块的功能界面。所有在剪映中剪辑过的模块都将自动保存至此界面，方便用户随时查找和继续剪辑。用户可以通过单击模块右下角的三个点，选择对该模块进行上传、重命名、复制草稿、剪映快传和删除等操作。如果需要同时管理多个模块，还可以使用批量管理功能，对多个模块进行备份和删除操作，如图 4-3-3 所示。

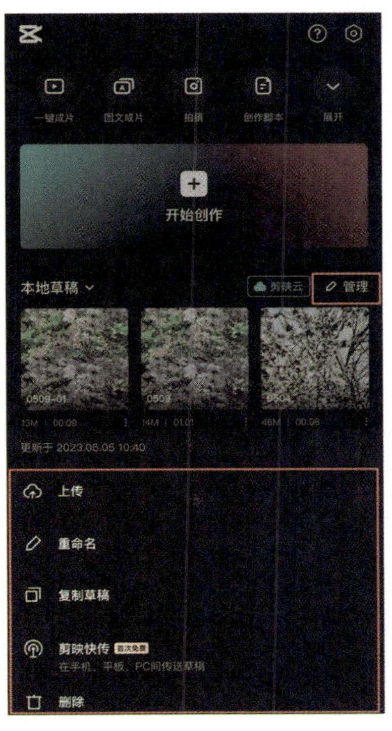


图 4-3-3 本地草稿

### 4. 工具栏

剪映的工具栏位于主界面最下方，主要包括“剪同款”“创作课堂”“消息”和“我的”工具，这些工具为用户提供了丰富的功能和便捷的操作体验。

“剪同款”允许用户使用同款短视频模板进行创作。用户只需选择一个适合自己的模板，然后将自己的短视频素材添加到模板中，最后点击“一键生成”，即可快速创建符合模板风格的短视频。与“一键成片”功能相比，“剪同款”需要用户手动选择合适的模板和素材，从而更加灵活地进行短视频创作。

“创作课堂”是剪映官方和优秀创作者提供的在线教程平台，为新手短视频爱好者提供丰富的学习资源。这些教程包括新手教程、抖音热门玩法、创意玩法、风格大片、拍摄教学等，大部分内容都是免费的，并附带素材供用户学习和练习，如图 4-3-4 所示。

“消息”主要用于展示用户所接收到的各类消息，包括来自官方的系统通知、发布的短视频所收到的评论、“粉丝”的留言以及点赞等互动信息，方便用户随时掌握自己在剪映平台上的动态和互动情况。

“我的”则是一个关联了剪映与抖音账号的个人信息界面。在这个界面中，用户可以查看和编辑自己的个人信息，同时也可以浏览和收藏自己喜欢的短视频模板，如

图 4-3-5 所示。需要注意的是，一个账号最多只能在 5 台设备上同时登录，以保障用户的账号安全。

图 4-3-4 “创作课堂”工具

图 4-3-5 “我的”页面

## 三、素材的基本处理

### 1. 添加素材

步骤 1：在剪映主界面中点击“开始创作”按钮。

步骤 2：进入“最近模块”界面，在“短视频”选项中选择需要剪辑的短视频素材，点击“添加”按钮。

步骤 3：执行操作后，短视频素材即可导入剪映的剪辑界面中。

将一段短视频素材导入剪映后，即可看到剪辑界面，该界面由三部分组成，分别是预览区、时间轴和工具栏，在剪映界面中的位置如图 4-3-6 所示。

● 预览区：用于实时查看短视频画面。预览区下方的时间表示当前时长和短视频的总时长。点击预览区的“全屏”按钮，即可全屏预览短视频效果；点击“播放”按钮，即可播放短视频；点击“缩放”按钮，即可退回剪辑界面。

● 时间轴：在使用剪映进行短视频后期剪辑时，绝大多数操作都是在时间轴区域完成的。该区域包含三大元素，分别是“轨道”“时间线”和“时间刻度”。当需要对素材长度进行剪裁或者添加某种效果时，就需要同时运用这三大元素来精确控制剪裁和添加效果的范围。

图 4-3-6 添加素材

● 工具栏：工具栏位于剪辑界面的最下方。剪辑中的所有功能几乎都需要在工具栏中找到相应的选项进行操作。如果不选中任何轨道，则显示的为一级工具栏，点击相应按钮，即会进入二级工具栏，如图 4-3-7 所示。

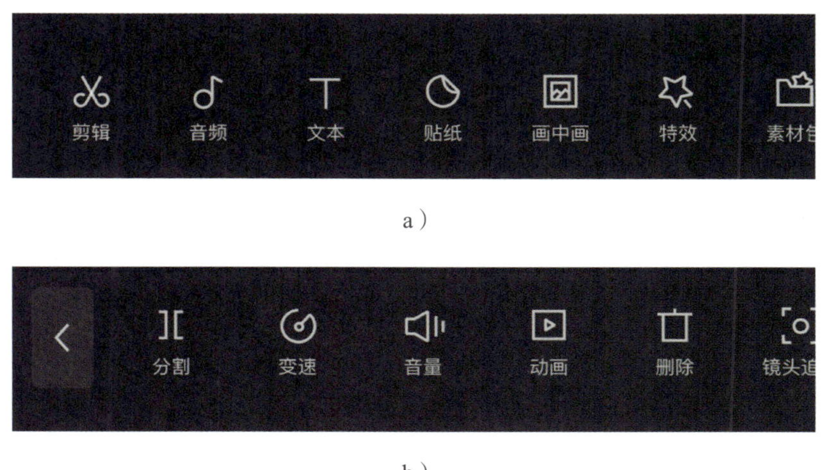


图 4-3-7 工具栏

a）一级工具栏 b）二级工具栏

在添加完一段素材后，如果想要在同一轨道上添加新素材，可以将时间线拖至一段素材上方，然后点击轨道区域右侧的“加号”按钮。接着在素材添加界面中选择需要的素材，点击“添加”按钮，如图 4-3-8 所示。完成操作后，所选素材将自动添加至模块，并且会衔接在时间线停靠素材的后方（或前方）。

图 4-3-8　同轨道添加素材

如果需要将素材添加到不同的轨道上，则需要先拖动时间线来确定一个时间点，然后在未选中任何素材的情况下，使用工具栏中的“画中画”功能实现。

## 2. 剪辑素材

（1）分割

步骤 1：打开剪映，点击“开始创作”按钮导入要剪辑的短视频素材。

步骤 2：进入剪辑界面后点击短视频，下方出现二级工具栏。

步骤 3：按住短视频左右拖动，将想要分割的位置对齐白色指针。然后点击工具栏的“分割”功能按钮，将短视频分割为两个片段，然后就可以对两个片段分别进行剪辑了，如图 4-3-9 所示。

如果分割的位置需要调整，可以在选中一个片段后，按住其中一个片段的首部或尾部白色按钮左右拖动，调整此片段要保留的时长。

可以重复使用分割功能将短视频素材分割成多个片段，然后选中其中不需要的片段，点击下方工具栏中的“删除”按钮删除。

（2）调整时长

将素材导入剪辑轨道后，用户可以通过两种方法对素材的时长进行调整：一种方法是通过拖动修剪滑块修剪素材，如图 4-3-10 所示；另一种方法是通过“分割”功能分割素材，并删除不需要的片段，这种方法常用于修剪时长较长的素材。

图 4-3-9　分割

图 4-3-10　调整时长

（3）调整顺序

在导入素材时或导入素材后，可以根据需要调整素材的播放顺序。进入剪辑界面，点击并按住需要调整的短视频，左右拖动即可更换前后顺序。

（4）复制素材

在短视频剪辑界面，点击要复制的素材，滑动下方工具栏，找到“复制”按钮。点击“复制”，这样就完成了素材的复制。在原素材与复制的素材之间会出现一个连接点。

（5）删除素材

在短视频剪辑界面，点击要删除的素材，滑动下方工具栏，找到“删除”按钮。点击“删除”，这样就完成了素材的删除。

（6）替换素材

短视频剪辑完成后，若要制作同样效果的短视频，无须重新制作，只需在剪映文件中使用“替换”功能将原素材替换为新素材即可，替换后的素材仍然会保留原素材的效果。选择短视频素材，滑动下方工具栏，找到“替换”按钮。切换到替换素材页面，可以在“最近项目”中寻找替换素材。选择一段素材，点击“确认”按钮，即可完成素材替换，如图 4-3-11 所示。

**图 4-3-11　替换素材**

### 3. 实现短视频变速

剪映的“变速”功能用于调整短视频素材的播放速度，后期剪辑时可以对短视频素材进行快进或慢放的速度处理，让短视频的播放速度达到理想的效果。

选择一个需要变速的短视频，在短视频下方点击选择“变速”。在变速分类中，可以看到“常规变速”“曲线变速”，如图 4-3-12 所示。

**剪映实现短视频变速**

“常规变速”是对选中的短视频素材进行整体变速调整，在调整栏中滑动红色圆点即可调速，往右是快进，最大可快进 100 倍；往左是慢放，最大可慢放到 0.1 倍，可以根据短视频画面的情况，调整到合适的速度，如图 4-3-13 所示。短视频经过变速调整后，声音会有变调，如果要保留短视频原声，可以打开左下角的“声音变调”功能，让短视频的声音有一定的变调效果。

“曲线变速”可以让同一段短视频素材出现前后画面速度不同的变化感，具有比较强的快慢节奏的变化。剪映中内置了“自定”“蒙太奇”“英雄时刻”“子弹时间”“跳接”“闪进”和“闪出”七种曲线变速方式，如图 4-3-14 所示，点击相应图标，即可为短视频素材应用该种曲线变速效果。

图 4-3-12　变速

图 4-3-13　常规变速

图 4-3-14　曲线变速效果

## 四、短视频画面的基本调整

### 1. 调整画面比例

剪映调整画面比例

短视频画面比例默认为导入的第一个短视频素材的画面比例，根据剪辑要求，用户可以将短视频画面比例更改为其他比例，如抖音短视频常用的 9∶16 竖屏比例，微信朋友圈短视频常用的 16∶9 横屏比例等。在更改画面比例后，常常需要对短视频的背景样式进行设置。

步骤 1：在剪映中导入一段短视频素材，滑动下方工具栏，点击“比例”按钮。

步骤 2：在弹出的面板中选择相应的比例选项，更改画面比例，如图 4-3-15 所示。

图 4-3-15　更改画面比例

### 2. 调色

剪映短视频素材调色

受拍摄技术、环境和设备等多种因素的影响，拍摄出来的素材通常会与现实色彩存在一定的差距，所以，剪辑人员需要通过调色来最大限度地还原真实的色彩。同时，调色还可以为短视频画面添加独特的风格，将各种情绪和情感投射到短视频画面中，为短视频创造出独特的视觉风格，从而影响用户的情绪，让用户产生情感共鸣。

剪映的调色功能主要包括基础调色、HSL 调色和曲线调色。

（1）基础调色

剪映的基础调色用于校正画面的色彩和曝光，使所有素材的色彩和曝光呈现同一风格。基础调色主要包括 12 个调色功能，按照作用可以分为色彩调整、明暗调整和效果调整。

- 色彩调整：色温、色调、饱和度。
- 明暗调整：亮度、对比度、高光、阴影、光感。
- 效果调整：锐化、褪色、暗角、颗粒。

（2）HSL 调色

HSL 调色可以调整某一种颜色的色相、饱和度和明度。HSL 调色功能一共提供了 8 种颜色用来调整，分别是红色、橙色、黄色、绿色、青色、蓝色、紫色和洋红色。

（3）曲线调色

剪映的曲线调色有 4 种类型，分别是亮度曲线、红色曲线、绿色曲线和蓝色曲线。

步骤 1：选中剪辑轨道中的短视频，滑动工具栏找到“调节”按钮。

步骤 2：通过“调节”按钮可调节短视频画面的亮度、对比度、饱和度、光感、色温、色调、锐化等基础要素，选择对应调整内容，即可拉动白色圆环调整效果强弱，如图 4-3-16 所示。

图 4-3-16　曲线调色

### 3. 滤镜效果的添加

剪映添加滤镜效果

剪辑人员除了手动为短视频画面调色外，还可以运用滤镜效果一键改善画面色调。滤镜在一定程度上能够掩盖画面的不足，使画面更加生动、绚丽，并且还能烘托氛围，增强画面的故事性。

剪映为用户提供了丰富的滤镜，并按照色彩风格进行了详细的分类。使用滤镜调色可以将滤镜应用到单个短视频素材中，也可以应用到某一段时间内。

步骤 1：点击工具栏中的“滤镜”图标，在界面底部显示相应的滤镜选项。

步骤 2：点击滤镜预览图即可在预览区查看应用该滤镜的效果，并且可以通过滑块调整滤镜效果的强弱。点击“√”图标，返回短视频剪辑界面，在时间轴中自动添加滤镜轨道，如图 4-3-17 所示。

图 4-3-17　滤镜效果的添加

## 五、短视频的后期调整

### 1. 蒙版效果的添加

剪映添加蒙版效果

蒙版就是选框的外部（选框的内部就是选区），它是一种创意的处理手法，也可以理解为是遮罩的一种，可以对图像的一部分进行针对性的处理，常用于调整图像的色彩、亮度、对比度等，也可以用于遮盖不需要的元素，以保持设计的整体感。例如，想对图像的某一特定区域运用颜色变化、滤镜和其他效果时，没有被选中的区域（也就是黑色区域）就会受到保护和隔离而不被编辑。

在剪映中添加蒙版，首先在轨道区域中选中需要应用蒙版的素材，然后点击工具栏中的“蒙版”按钮。在打开的“蒙版”选项栏中，可以看到不同的蒙版选项，如图 4-3-18 所示。

图 4-3-18　蒙版效果的添加

选择好蒙版效果后，在预览区中可以看到添加蒙版后的画面效果。在预览区中按住蒙版进行拖动可以对蒙版的位置进行调整，按住蒙版进行捏合中分开操作能对蒙版大小进行缩放，通过双指旋转还能完成蒙版的旋转。

在“蒙版”选项栏中，选择任意形状的蒙版添加至画面中后，在预览区中按住蒙版形状下面的按钮，即可对蒙版的边缘进行羽化处理。羽化处理可以使蒙版生硬的边缘显得柔和、自然，如图 4-3-19 所示。

在剪映中添加蒙版后，用户可以对蒙版进行反转操作，以改变蒙版的作用区域。在“蒙版”选项栏中选择蒙版形状后，点击界面左下角的“反转”按钮即可，如图 4-3-20 所示。

### 2. 转场的添加

转场就是短视频镜头之间的过渡或转换，添加转场效果可以使镜头转换更加流畅和美观。在轨道区域中添加两个素材

后，点击素材中间的按钮，可以打开“转场”选项栏。

剪映内置了很多不同类别的转场效果，包括叠化、运镜、模糊、幻灯片、光效、扭曲、分割、MG 动画、综艺等，如图 4-3-21 所示。

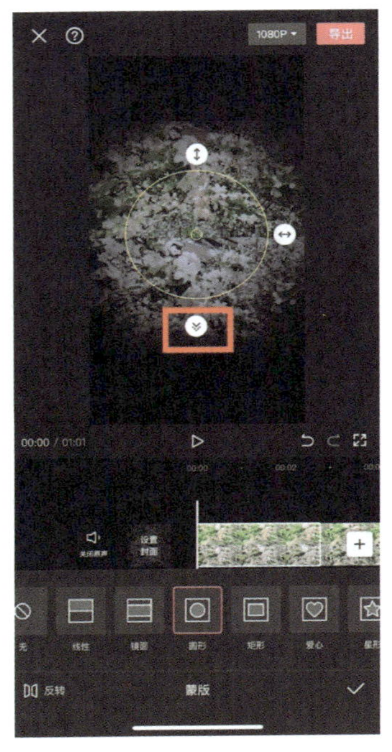


图 4-3-19　蒙版羽化

图 4-3-20　蒙版反转

图 4-3-21　转场的添加

### 3. 特效的添加

剪映添加特效

特效可以实现不同的画面效果，以增强短视频画面的表达力。

步骤 1：点击工具栏中的“特效”图标，在界面底部显示相应的特效选项，如图 4-3-22 所示。

图 4-3-22　特效的添加

步骤 2：点击相应的特效预览图，即可在短视频预览区看到该特效的效果。点击“√”图标，在时间轴中自动添加特效轨道。与添加滤镜相同，在时间轴区域拖动特效白色边框的左右两端，可以调整该特效的应用范围。

### 4. 字幕的添加

给短视频添加字幕可以帮助用户更好地理解短视频的内容，从而吸引更多用户。字幕是另一种形式的图形，其视觉效果和添加的位置会影响短视频画面的整体呈现效果。

在添加字幕时，需要注重字幕的内容，同时也要注意字幕的呈现方式，巧妙地为字幕添加一些动画效果，可以给字幕增添一种“依附感”，使画面与字幕互相依托，相得益彰。

剪映添加字幕及字幕动画效果

步骤 1：将时间线定位到要添加字幕的位置，然后点击“文本”按钮。

步骤 2：在打开的界面中，点击“新建文本”，在弹出的文本输入框中输入文本内容即可，如图 4-3-23 所示。

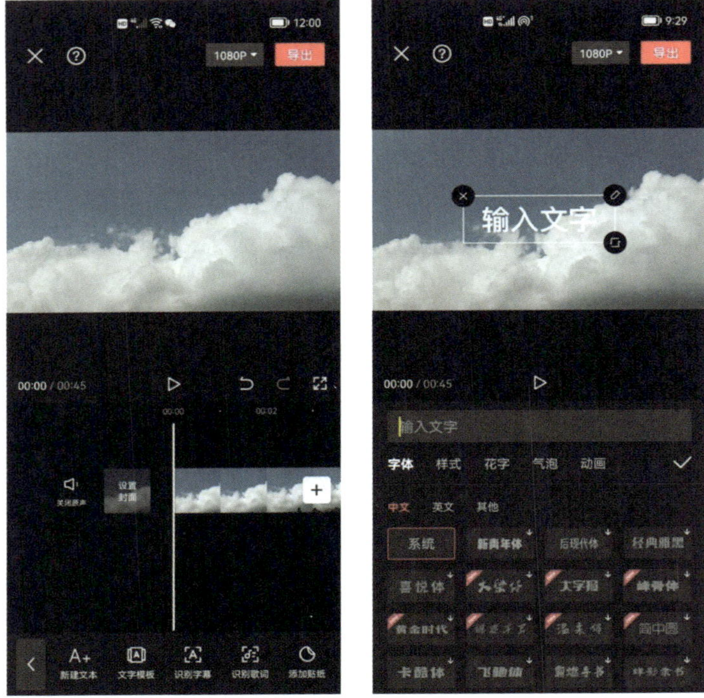


图 4-3-23　字幕的添加

在剪映的字幕功能列表中点击“字体”选项，将出现很多不同样式的字体供用户选择，如图 4-3-24 所示。一般来说，常规、端正的字体适合制作短视频的文案字幕，而创意随性的字体更适合制作短视频的片头字幕。

点击切换至“样式”选项，还可以对字幕的描边、背景、阴影、排列、透明度等进行设置，如图 4-3-25 所示。

在短视频中，最常见的字幕排列方式是横行排列，除此之外，还可以根据需要选择竖行、斜行等不同的排列方式。字幕文字的间距可以相等，也可以不等；字体的大小可以相同，也可以不同。

如果想输入多行文字，可以在输入第一行文字之后点击输入法中的换行，就可以继续输入文字了。当所有的文字都输入完成以后，把一个手指放在预览窗口的字幕上可以移动字母的位置，使用两个手指可以对字幕进行放大、缩小或者旋转方向。调整好大小和位置后，点击右下角工具栏中的“√”按钮回到剪辑界面，这时在剪辑轨道就可以看到添加了一条字幕。长按字幕可以拖动字幕出现的位置，拖动字幕两端的小白块可以修改字幕显示的时长，如果想再次对字幕进行编辑，可以用一个手指在字幕上点击两下，就重新进入了字幕编辑界面。

图 4-3-24　字幕字体

图 4-3-25　字幕样式

## 5. 字幕动画效果的添加

文字的动画效果和画面相搭配，可以增添画面的层次感。剪映内置了非常丰富的花字样式，点击喜欢的花字样式，就可以把该样式添加到字幕上。输入想要的花字样式并点击“搜索”，即可搜索到相应的花字样式，选择好需要的花字样式后，点击关闭即可退出搜索界面，如图 4-3-26 所示。

剪映中内置了很多文字模板，可以帮助用户一键制作出各种精彩的艺术字效果。例如，文字模板中的“气泡”效果可以为字幕添加气泡背景，如图 4-3-27 所示。把两个手指放在短视频预览窗口即可对气泡文字进行放大或者缩小，一个手指可以移动气泡文字的位置。使用气泡文字时，要注意文字的颜色不能和气泡背景颜色相同，以免影响阅读。

如果想为字幕添加动态效果，可以为字幕添加入场和出场动画。点击编辑文本中显示的“动画”选项，选择适合的入场、出场效果，可以通过滑动时间模块来控制入场和出场动画的时长，以及通过滑动速度滑块来调节动画循环的节奏。

## 6. 音频的添加

优质的音频可以增强用户对短视频的沉浸式体验，渲染短视频画面，强化情绪感染力，甚至有些独特的音频会成为短视频的记忆点，给用户留下深刻的印象。

图 4-3-26　字幕花字样式

图 4-3-27　字幕气泡效果

（1）添加音乐

将素材添加到时间轴后，点击工具栏中的“音频”图标，显示“音频”的二级工具栏，点击二级工具栏中的“音乐”图标，显示音乐库界面。

剪映内置了非常多常用和热门的音乐，可以用搜索的方式快速寻找需要的音乐。在音乐库界面的下方还为用户推荐了一些音乐，用户只需要点击相应的音乐名称，即可试听音乐效果，如图 4-3-28 所示。

添加音乐的方式有 3 种：

1）点击音乐，进入剪映内置的音乐库，音乐库最上方是搜索功能，点击搜索框就可以通过输入歌曲或歌手的名字找到需要的音乐，下方是剪映整理好的各种类型的热门音乐合集，可以根据短视频的类型直接点击相应的音乐合集。

2）提取音乐，点击“提取音乐”，就进入到手机相册当中，可以选择一个带有音乐的短视频，选择后点击下方的“仅导入短视频的声音”，就可以将这段短视频的音乐单独提取出来添加到剪辑轨道当中，如图 4-3-29 所示。

3）使用抖音收藏的音乐，使用这种方式导入音乐，需要保证登录剪映的账号和登录抖音的是同一个账号。如果在抖音中发现了某个短视频，有喜欢的背景音乐，就可以点击短视频右下角的“碟片”图标，再点击“收藏”，回到剪映中，点击“收藏”就可以看到抖音收藏的音乐同步到了剪映中，如图 4-3-30 所示。

图 4-3-28　添加音乐

图 4-3-29　提取音乐　　图 4-3-30　抖音收藏

（2）添加音效

在短视频剪辑界面中点击工具栏中的“音效”图标，在界面底部会弹出音效选择列表。添加音效与添加音乐的方法基本相同，点击需要使用的音效名称，会自动下载并播放该音效，点击音效右侧的“使用”按钮，即可使用所下载的音效，音效会自动添加到当前所剪辑的短视频素材下方，如图 4-3-31 所示。

图 4-3-31　添加音效

（3）录音

点击工具栏中的“录音”图标，在界面底部显示“录音”按钮，按住红色的“录音”按钮不放，即可进行录音制作，松开手指完成录音制作，点击右下角的“√”图标，录音会直接添加到所剪辑短视频素材的下方，如图 4-3-32 所示。

### 7. 画中画的添加

剪映的画中画功能可以使多个短视频素材显示在同一个画面中。

步骤 1：将时间线定位到时间轴最左侧，切换到短视频剪辑界面，点击底部工具栏中的“画中画”图标，显示“画中画”的二级工具栏，如图 4-3-33 所示。

剪映添加画中画

步骤 2：点击“新增画中画”图标，在选择素材界面中选择另一个素材，点击“添加”按钮，切换到短视频剪辑界面，就可以在主轨道的下方添加所选择的短视频或图片素材，如图 4-3-34 所示。

步骤 3：在预览区中使用手指进行捏合中分开操作，可以对刚添加的画中画素材进行缩放操作，在预览区使用手指按住素材，可以对其进行移动操作，如图 4-3-35 所示。

图 4-3-32 录音

图 4-3-33 画中画

图 4-3-34 新增画中画

图 4-3-35　画中画缩放和移动操作

### 8. 添加与删除片尾

在短视频剪辑的过程中，如果想为剪辑模块添加一个片尾，可以在工具栏中点击“素材包”按钮，找到“片尾”素材进行添加，如图 4-3-36 所示；如果想删除片尾，则可以选中片尾素材，然后点击工具栏中的“删除”按钮。

剪映添加与删除片尾

图 4-3-36　添加片尾

# 学习单元 4　Premiere 剪辑软件的使用

尽管剪映具有易于上手、简单快捷的特点，但在需要进行专业化剪辑制作时，Adobe 公司的 Premiere 软件则更为适合。Premiere 是一款流行的非线性短视频编辑处理软件，广泛应用于短视频后期制作领域。它具备强大的短视频编辑能力，不仅易于学习，而且高效实用，能够充分激发剪辑人员的创造力和想象力。此外，Premiere 还能与 Adobe 的其他专业软件，如特效制作软件 After Effects、图像处理软件 Photoshop 以及音频处理软件 Audition 等产品无缝衔接，实现联动使用，为剪辑人员提供更加丰富和全面的创作工具，如图 4-4-1 所示。

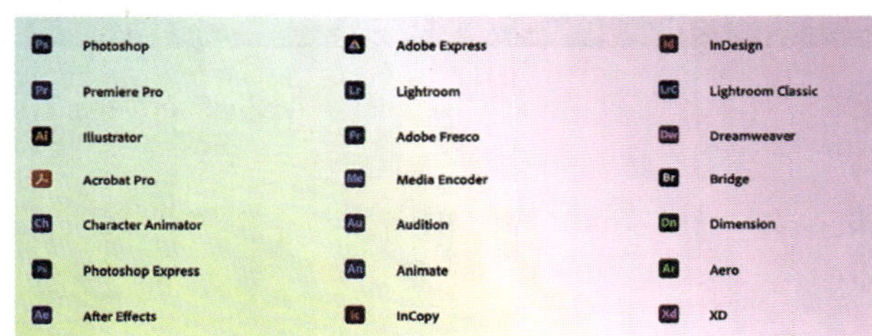


图 4-4-1　Premiere 软件与 Adobe 公司产品

## 一、Premiere 的操作界面

Premiere 作为一款专业化的短视频剪辑工具，操作相对复杂，需要从基础知识入手。熟悉 Premiere 工作区是进行后期剪辑的必经之路，只有熟悉了工作区中各种工具的用法，才能在剪辑过程中提高工作效率。

### 1. 自定义工作区

Premiere 的操作界面中主要有五大工作区，包括模块、工具栏、时间轴、效果和效果控件、监视器，如图 4-4-2 所示。

（1）模块工作区：模块工作区主要用于素材的导入、存放和管理。

（2）工具栏工作区：编辑时间轴面板中的视 / 音频素材。

（3）时间轴工作区：所有素材的剪辑和添加特效都是在时间轴工作区完成的。

（4）效果和效果控件工作区：效果和效果控件工作区包括“效果”面板和“效果控件”面板。“效果”面板包含多种特效预设，可以为视 / 音频素材文件添加过渡效果和其他特效；“效果控件”面板可以自定义设置短视频、图片、音频的效果参数。

（5）监视器工作区：可播放序列中的素材文件并可对文件进行出入点设置等。

Premiere 中每个工作区的大小并不是固定不变的，用户可根据需要自行调整。

图 4-4-2　Premiere 工作区

Premiere 提供了多种工作区布局，每个工作区都可以根据不同的剪辑需求对工作面板进行设定和排布。

### 2. 拆分和组合面板

两个及两个以上的面板组合在一起即为面板组，将面板组中的某个面板拖拽到其他面板组中即可拆分面板组。

### 3. 将面板设置为浮动面板

默认情况下，面板是嵌入工作区中的。如果想使其成为独立的窗口，可将面板设置为浮动面板。

调整面板和面板组后，可保存调整好的工作区，以便日后随时使用。

## 二、导入并整理短视频素材

### 1. 新建模块与序列

使用 Premiere 剪辑短视频之前，先创建一个模块文件，模块文件用于保存序列和资源有关的信息，确定模块文件的存储位置、名称、画面大小和序列名称等信息，为短视频剪辑提供一个场所。

步骤 1：启动 Premiere 软件，单击“文件”-“新建”-“模块”命令或按【Ctrl+Alt+N】组合键，将弹出“新建模块”对话框，如图 4-4-3 所示。

步骤 2：在“模块”面板中单击“新建项”按钮，在跳转出的子菜单中选择“序列”，如图 4-4-4 所示。

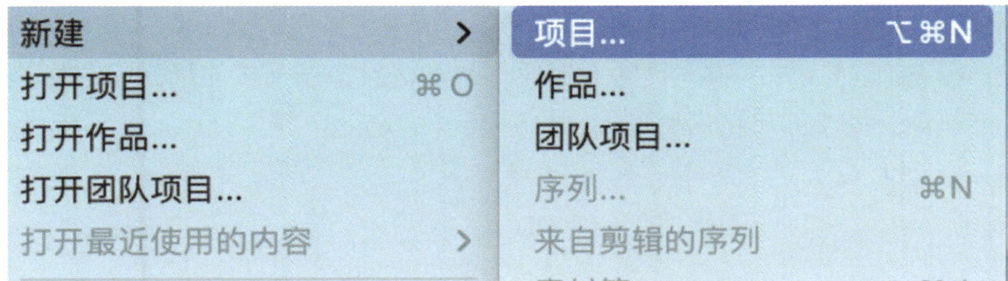


图 4-4-3 “新建模块”对话框

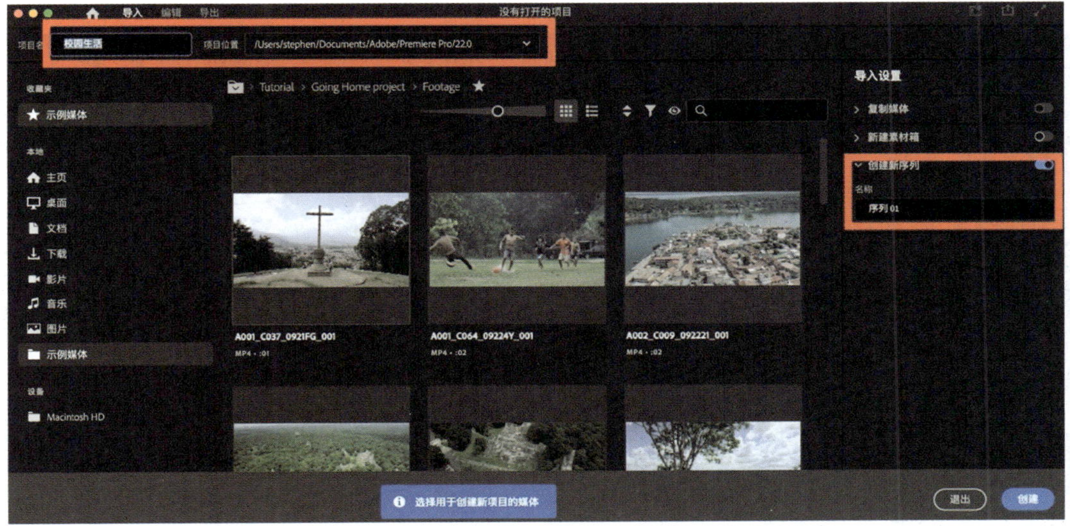

图 4-4-4 新建序列

## 2. 导入素材

创建模块后，需要导入素材才能进行短视频的剪辑。导入素材包括以下几种方法。

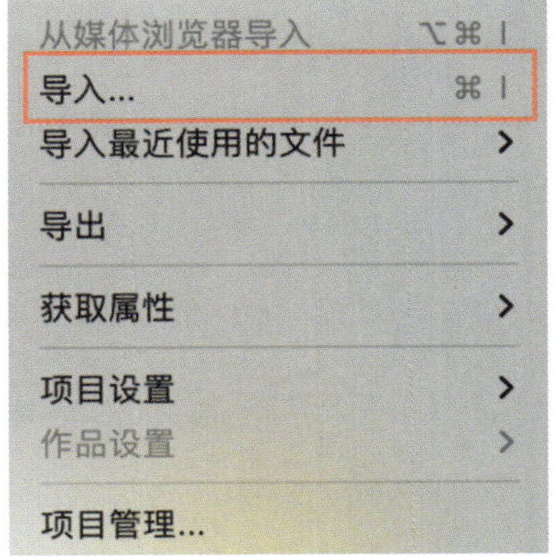


图 4-4-5 导入素材

方法 1：点击最上方菜单栏的“文件”-“导入”，就会弹出“导入”面板，在该面板中选择需要导入的素材，单击“打开”按钮，此时刚才选中的文件就被导入“模块”面板中了，如图 4-4-5 所示。

方法 2：在选中任意面板的情况下，按键盘上的【Ctrl+I】组合键，也会弹出“导入”面板，接着再选中需要导入的素材，单击“打开”按钮，即可将素材导入。

方法 3：在“模块”面板中，双击空白处，也可弹出素材“导入”面板，在弹出“导入”面板后按照前面的两种方法选中素材，单击

“打开”按钮，即可将素材导入。

方法 4：在素材文件夹中，找到需要导入的素材后，直接按住鼠标左键将其拖拽到“模块”面板中，松手即可将素材导入，如图 4-4-6 所示。

### 3. 整理素材

步骤 1：在“模块”面板中单击右下方的“新建素材箱”按钮，创建素材箱，然后输入名称。选中要添加到素材箱中的文件，将其拖拽到素材箱中即可。还可以选中要添加到素材箱中的文件，将其拖拽到“模块”面板右下方的“新建素材箱”按钮上，为所选文件创建一个新的素材箱，如图 4-4-7 所示。

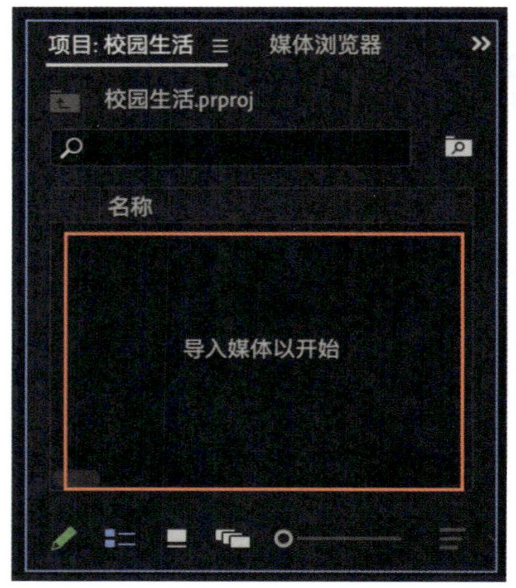


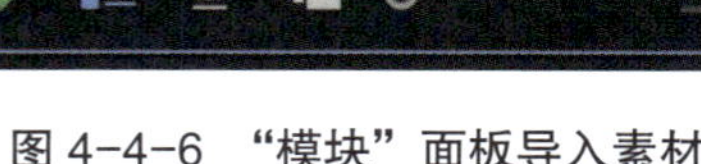
图 4-4-6 “模块”面板导入素材

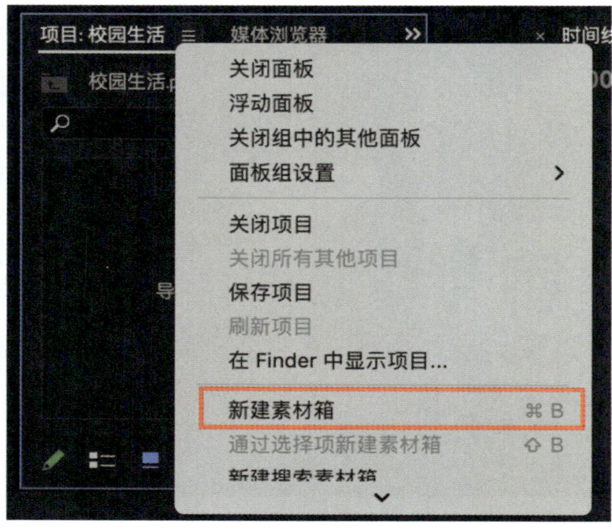


图 4-4-7 新建素材箱

步骤 2：双击素材箱，会在一个新的面板中显示其中的文件，可以看到它与“模块”面板具有相同的面板选项，在素材箱中还可以嵌套素材箱。要更改素材箱的打开方式，可以选择“编辑”-“首选项”-“常规”命令，弹出“首选项”对话框，在“双击”下拉列表中选择所需的打开方式。

步骤 3：选择“编辑”-“首选项”-“标签”命令，在弹出的对话框中可以看到各种颜色的标签，用户可以根据需要重新定义标签名称和颜色，然后单击“确定”按钮。

## 三、短视频素材的剪辑与调整

在 Premiere 中，对拍摄的短视频素材进行剪辑是一项重要的任务，具体包括创建与设置序列、短视频的快速粗剪、复制与移动剪辑、调整剪辑的剪切点以及添加标记等操作。

### 1. 创建与设置序列

在 Premiere 中，首先需要创建和设置一个合适的序列。序列是短视频剪辑的基础，它决定了短视频的长宽比、帧速率等基本参数。在创建序列时，应该根据原始素材的属性和目标短视频的规格来进行设置。例如，如果原始素材是 16：9 的比例，那么序列也应该设置为 16：9，以确保素材在导入后不会变形。

### 2. 短视频的快速粗剪

在完成序列设置后，就可以进行短视频的快速粗剪了。这一操作主要是为了快速浏览素材，并剪去其中明显不符合要求的部分。通过粗剪，可以迅速缩小素材范围，为后续精细剪辑打下基础。

### 3. 复制与移动剪辑

粗剪完成后，还需要对某些重要片段进行复制或移动。Premiere 提供了多种复制和移动剪辑的方法，包括使用快捷键、拖拽以及使用剪辑菜单等。

### 4. 调整剪辑的剪切点

调整剪切点是短视频剪辑中非常重要的一步。通过精确地定位剪切点，可以确保不同镜头之间的过渡更加自然流畅。在调整剪切点时，还需要关注声音的连续性、动作的连贯性以及节奏的合理性等因素。

### 5. 添加标记

添加标记是 Premiere 中一项非常实用的功能。通过给关键帧或重要事件添加标记，可以快速定位到这些位置，从而提高剪辑效率。此外，标记还可以用于创建章节或导航点，使用户能够更便捷地浏览短视频。

## 四、转场、调色应用

### 1. 添加与编辑转场效果

Premiere 提供了多种短视频转场效果和音频转场效果，其中使用得较多的是用于短视频素材之间过渡的短视频转场效果，如 3D 运动、划像、擦除、沉浸式短视频、溶解、滑动、缩放和页面剥落等。

Premiere添加与编辑转场效果

如果觉得转场效果不太合适，可在“时间轴”面板中选择该转场图标，在“效果控件”面板中进行相应参数设置。

### 2. 调色技巧

在短视频剪辑过程中，调整画面的颜色是至关重要的，因此，经常需要对拍摄的素材进行颜色的调整。为此，Premiere 提供了一整套的图像调整工具。“Lumetri 颜色”是 Premiere 中的调色工具，它提供了基本校正、创意、曲线、色轮和匹配、HSL 辅助灯等多种调色功能。

Premiere调色技巧

当需要对素材进行调色时，可单击 Premiere 操作界面上方的“效果”选项卡，打开

“效果”面板，展开“Lumetri 预设”选项，在其中找到需要的滤镜，将其拖拽到“时间轴”面板中对应的素材上，释放鼠标左键便可为该素材调色。若需要设置调色参数，则可以选择素材，然后在“效果控件”面板中对调色参数进行设置，如图 4-4-8 所示。

图 4-4-8 Lumetri 调色

## 五、添加字幕与音频

### 1. 添加字幕

使用 Premiere 中的文字工具不仅可以很方便地在短视频中添加字幕，还可以设置文本格式，为字幕制作开场和结尾动画。

添加字幕：在“时间轴”面板中拖拽时间线，定位到需要添加字幕的位置，在左侧工具栏单击“文字工具”按钮，在“节目”面板画面中拖拽鼠标指针插入文本框，即可输入字幕内容。

设置字幕：在“时间轴”面板中选择字幕，在“效果控件”面板中展开“文本（之前所输入的字幕）”选项，在“源文本”栏下对字幕的字体、字形、字号、对齐方式、字符间距、颜色等进行设置，如图 4-4-9 所示。

图 4-4-9　添加字幕

## 2. 添加音频

声音是短视频中不可或缺的一部分，在剪辑短视频时，短视频创作者要根据画面表现的需要，通过背景音乐、音效、旁白和解说等手段来增强短视频的表现力。Premiere 提供了强大的音频编辑工具，利用它们可以在短视频中添加与编辑音频。

添加音频方法如下：在“模块”面板中导入音频素材，然后将音频素材拖拽到“时间轴”面板 A 类轨道上，在“效果”面板中为音频添加各种音频效果或音频过渡效果，在“效果控件”面板中可以设置需要的参数，方法与设置短视频效果类似。另外，在 Premiere 操作界面的上方单击“音频”选项卡，可以打开“音频混合器”面板，在其中可以对音频的声道、音量等进行设置。

## 六、导出短视频

在完成整个模块的剪辑操作后，就可以将模块内所有用到的素材整合在一起输出为一个独立的、可直接播放的短视频文

件。在进行短视频导出之前，还需要对短视频导出时的各项参数进行设置。

短视频导出方法如下：选择“文件”-“导出”-“媒体”命令或直接按【Ctrl+M】组合键，打开“导出设置”对话框，在一侧区域可预览短视频效果，在另一侧区域可设置短视频导出后的格式、名称、保存位置等，然后单击“导出”按钮，即完成短视频的导出，如图 4-4-10 所示。

图 4-4-10　导出短视频

## 实训任务

任务描述：

根据分镜头脚本的设定，使用剪映 App，对上一任务中拍摄好的短视频进行剪辑、美化和修饰，制作并导出一个完整的特色农产品宣传短视频。

任务目标：

能够使用剪映 App 完成短视频剪辑的相关操作。

## 思考与练习

1. 简述短视频剪辑的原则。
2. 常用的短视频剪辑软件有哪些？
3. 分别列举三种技巧转场和无技巧转场的形式。

# 模块五　短视频内容推广

学习目标

1. 了解短视频的内容优化
2. 了解短视频的发布流程
3. 了解短视频平台的推广方式
4. 掌握短视频标题、文案、封面的创作方式
5. 掌握短视频的引流、互动、平台流量投放等应用
6. 能完成短视频内容优化及制作
7. 能设计不同类型的短视频推广方案
8. 能完成短视频的基本运营

## 学习单元 1　短视频的优化与发布

### 一、短视频优化

在当前短视频平台环境中，短视频优化已经成为提升内容曝光量和吸引流量的重要手段。优化后的短视频不仅能获得更好的营销效果，还能在激烈的竞争中脱颖而出。短视频优化主要围绕短视频搜索展开，因此，了解和运用短视频 SEO（搜索引擎优化）的原理和技巧显得尤为关键。

短视频 SEO 的核心是运用网站 SEO 的思维模式，以短视频为媒介，通过优化短视频的搜索排名，利用搜索引擎的算法对关键词进行搜索，从而达到提升曝光率和流量转换的目的。为实现这一目的，需要从多个维度对短视频进行综合优化。

### 1. 内容优化

无论是文字还是画面，内容始终是吸引和留住用户的关键。在短视频中，内容的质量通常取决于故事、画面和音效三个主要方面。一个吸引人的故事能够直观地传达信息，吸引用户的注意力。同时，清晰、有质感的画面能够使故事更加生动，增强用户的观看体验。而一段恰到好处的音效，无论是激昂澎湃、清新明朗、情意绵绵的，还是充满神秘感的，都能为短视频增添额外的吸引力，进一步提升用户的观看兴趣和参与度。

### 2. 关键词优化

在短视频平台上，关键词的选择对于提升短视频的搜索排名至关重要。这些关键词应与短视频内容或传递的情感紧密相关。通过使用第三方工具，可以筛选出那些与短视频内容最相关、最具吸引力的关键词，进一步提升短视频的点击率和观看率。

### 3. 主页优化

用户账号的主页是短视频优化的另一个重要方面，主要包括主页背景图、头像、简介以及作品展示页面等元素，如图 5-1-1 所示。在进行主页优化时，首先需要明确自身的品牌定位和目标受众，确保所有内容都与此一致。同时，还要合理使用关键词，这不仅可以提升账号在搜索引擎中的排名，还能帮助用户更快速地了解账号所提供的内容。

图 5-1-1　短视频账号主页

### 4. 文案优化

文案优化在短视频优化中扮演着至关重要的角色。一个好的文案能够吸引用户，使其愿意参与互动和留言，从而提升短视频的曝光和影响力。标题作为文案的核心部分，具有特别重要的作用。一个吸引人的标题能够激发用户的好奇心，引导他们点击观看短视频。在撰写文案时，关键字的运用也是关键。通过将关键字巧妙地融入文案中，可以提高短视频在搜索引擎中的排名，增加短视频的曝光机会。

### 5. 细节优化

除了内容和文案外，还需要对短视频创作过程中的细节进行优化，包括字幕、剪辑等方面。字幕的添加可以帮助用户更好地理解短视频内容，提升观看体验。而剪辑的精良程度则能够体现创作者的专业素养，影响用户对短视频的整体评价。

### 6. 标签优化

标签是短视频平台上的重要流量入口。通过给短视频添加相关的热门标签，可以增加短视频的点击率和观看量。此外，参与“官方挑战”和“学习单元”等带有特殊标签的活动，也能为短视频带来额外的曝光机会。

### 7. 时长优化

对于初级短视频创作者来说，控制短视频的时长是提高完播率的有效方法。一般建议将视频时长控制在 7～20 秒，以吸引用户的注意力并保持他们的兴趣。过长的短视频可能导致用户失去耐心，从而影响短视频的完播率和整体效果。

短视频优化的最终目的是提高曝光率，吸引更多的流量和“粉丝”，为短视频营销打下良好的基础。通过不断地优化短视频的内容和形式，以及运用合适的推广策略，可以让短视频账号在平台上脱颖而出，并保持稳定的排名和影响力。

## 二、短视频发布

短视频发布是整个创作过程的最后阶段，同样也是非常关键的一环。当所有前期准备都已就绪，就可以开始进行具体的发布操作。以下是短视频发布流程中需要注意的几个方面。

### 1. 封面选择

封面是短视频的“门面”，它在很大程度上决定了用户是否会点击观看。因此，在选择封面时，应注重色彩统一、画面协调和布局合理，以带给用户最佳的视觉体验。同时，应确保关键词突出和标题简洁精炼，这样用户可以迅速了解短视频的主要内容，如图 5-1-2 所示。

### 2. 话题添加

在短视频平台上，话题代表了不同用户群体的流量池。通过为作品添加相关话题，可以帮助系统更准确地识别短视频内容，从而将其推荐给合适的用户群体。但需注意，并不是添加的话题越多越好。因为平台的流量分布是基于合集分配的，添加过多话题可能会导致作品被推荐给对其中任何一个话题都只有轻度兴趣的用户群体。因此，建议选择最多不超过三个与短视频内容紧密相关的话题，如行业名词、专业词汇等，如图 5-1-3 所示。

图 5-1-2 短视频封面

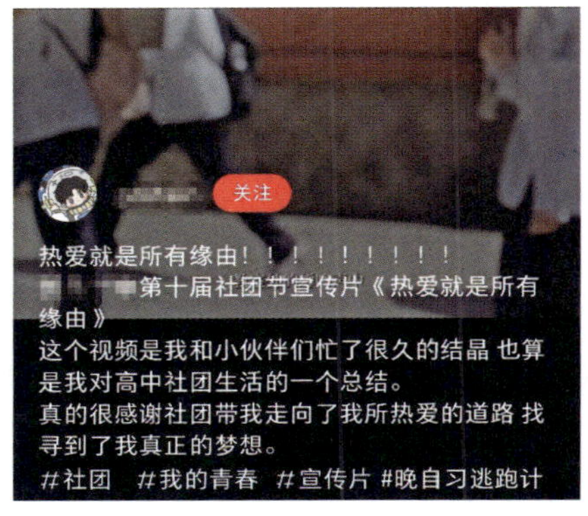


图 5-1-3 短视频话题添加

### 3. @ 提及功能

在发布短视频时，可以选择 @ 自己的其他账号，以形成账号矩阵布局并为小号引流。此外，@ 提及官方账号也是一个好策略，可以让平台知道某个短视频作品正在参与相关活动，从而有可能获得额外的流量支持。

### 4. 地理位置标签

为作品添加地理位置标签时，最好选择同城位置。这是因为短视频平台通常有专门的同城推荐流量，而且同城标签更容易拉近创作者与本地用户的距离，这种“老乡式”的流量可能会给短视频流量带来额外的加持。

### 5. 权限设置

在发布短视频时，建议将作品权限设置为公开可见，以获得最大的流量曝光。当然，如果短视频内容包含不便公开的信息，也可以选择部分可见或仅特定用户可见。

# 学习单元 2　短视频的营销与推广

## 一、短视频营销的概念

从广义上讲，短视频营销是指以短视频媒体作为载体的所有营销活动的总称，根据短视频平台玩法的探索和创新呈现出不同的形式和特征。从狭义上讲，短视频营销主要是指短视频媒体平台上进行的所有广告活动，包括硬广告和软广告，具体可以分为品牌图形广告、短视频贴片广告、信息流广告和内容原生广告几大类别。

## 二、短视频营销与传统营销的区别

传统营销是借助传统媒介，如图片、文字、广播、电视等完成的一系列的营销活动。与传统营销相比，短视频营销在渠道、受众、传播效率、互动性、成本、灵活性、内容形式与效果等方面都有所不同，见表 5-2-1。

表 5-2-1　传统营销与短视频营销的差异

| 类型 | 渠道 | 受众 | 传播效率 | 互动性 | 成本 | 灵活性 | 内容形式 | 效果 |
|---|---|---|---|---|---|---|---|---|
| 传统营销 | 传统媒体（电视、报纸、广播等） | 广大用户 | 传播效率低，需等待媒体播放 | 互动性低，通过电话或信件方式互动 | 成本较高，需支付媒体报价 | 灵活性低，制定方案后很难更改 | 通常是文字、图片、音频、短视频等静态形式 | 需通过大量的宣传才能吸引用户的关注 |

续表

| 类型 | 渠道 | 受众 | 传播效率 | 互动性 | 成本 | 灵活性 | 内容形式 | 效果 |
|---|---|---|---|---|---|---|---|---|
| 短视频营销 | 网络媒体（社交媒体、短视频平台） | 网络用户 | 传播效率高，随时随地在线观看 | 互动性高，用户参与度更高，通过评论、点赞、关注等方式互动 | 成本较低，制作、传播、维护成本低 | 灵活性高，可根据市场反馈及时调整营销策略 | 内容更加丰富，可通过动画、配音、音乐等手段制作出动态内容 | 营销效果更加显著，通过内容传播能够获得用户的关注 |

总的来说，短视频营销比传统营销方法具有更高的传播性、互动性、灵活性和成本效益，是当前营销领域的一种有效手段。

## 三、短视频营销的技巧

随着短视频平台的兴起，越来越多的企业、品牌开始将营销重心放在这一领域。在电子商务活动中，短视频营销可以采用 3 种营销技巧。

### 1. 针对核心受众群体营销

在短视频营销中，一味进行产品的广泛宣传或一味扩大产品的受众群体，很可能造成对核心受众群体把握不准，从而难以达到预期的营销效果。针对核心受众群体进行精准营销，不仅可以提高品牌的知名度和美誉度，还能有效促进销售增长。

以某品牌化妆品为例，通过数据分析，了解到其核心受众群体为 25～40 岁，关注护肤、美容、时尚等领域的女性。针对该目标核心受众群体的特点，在进行短视频营销时，可以策划一系列关于护肤、美容、时尚等方面的短视频内容，如“如何化好妆”和“如何选择适合自己的化妆品”等，这些内容以实用、易懂、有趣为特点，旨在吸引目标核心受众群体的关注和喜爱。

短视频营销可以通过找出核心受众群体的方式，让针对性目标用户看到产品对自己的用处，从而拉动产品的销售，如图 5-2-1 所示。

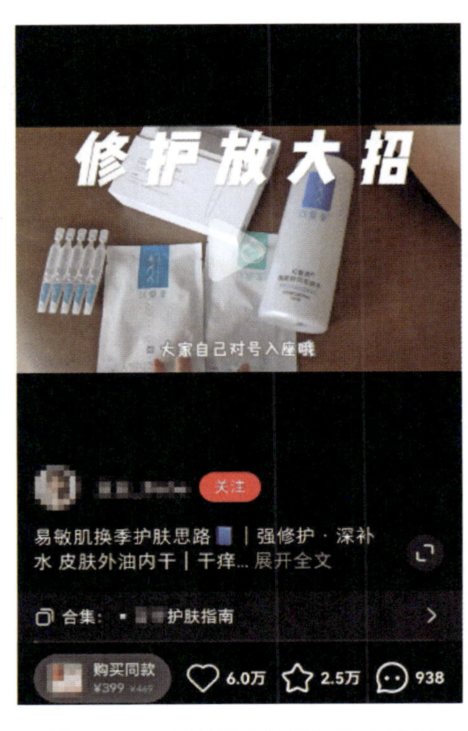


图 5-2-1　某护肤品短视频营销案例

### 2. “种草”推荐

随着社交媒体和短视频平台的兴起，“种草”文化逐渐成为消费决策的重要一环。“种草”是指将品牌和产品信息承载在内容上并影响用户心智的过程。内容平台具有天然的“种草”能力，用户通过观看短视频，被“种草”后产生购买意愿，这种营销方式深受品牌和商家喜爱。

以某时尚服装品牌为例，通过数据分析，确定其目标受众为对时尚敏感、喜欢尝试新鲜事物的年轻人。针对目标受众的特点，可以策划一系列时尚搭配、新品推荐、潮流趋势等方面的短视频内容。通过邀请时尚博主作短视频主角，由其展示各种搭配技巧，以及新品的试穿效果，形成“种草”效应。

传统的广告容易让人产生抵触情绪，而短视频从好物推荐的角度进行营销，通过短视频内容让用户看到产品的实际用处，可以促使用户觉得产品好用从而产生购买行为，如图 5-2-2 所示。

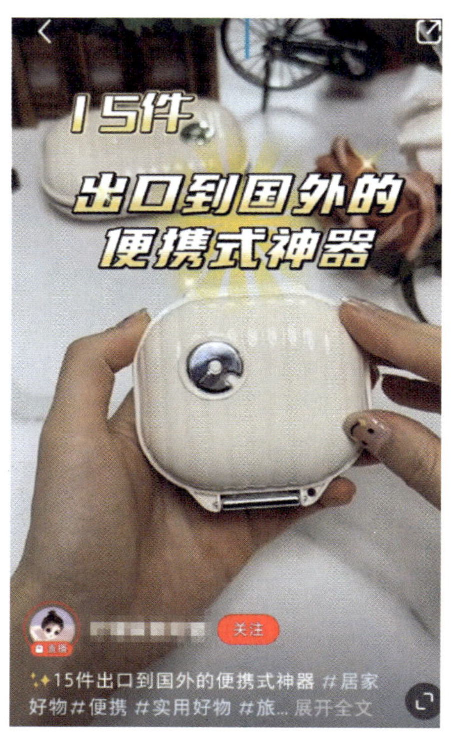


图 5-2-2　某家居用品短视频营销案例

### 3. 刺激目标受众需求

在短视频营销中，刺激目标受众的需求是至关重要的。通过深入了解受众的需求和痛点，品牌可以制作出更具有吸引力和针对性的内容，从而激发用户的购买欲望。一个好的短视频营销策略，首先要考虑的就是抓住用户的痛点。品牌在推广时应该尽量关注用户的需求和痛点，而不是单纯地推销自己的产品或服务。

以某健康食品品牌为例，通过数据分析，确定其目标受众为关注健康、注重饮食养生的用户。抓住目标受众对健康和饮食养生的痛点，可以策划一系列关于健康饮食、营养搭配、食品选择等方面的短视频内容。这些内容强调产品的天然、健康、营养等优势，并通过生动的场景和情感化的表达，引发用户的共鸣和需求。

在日常短视频推广宣传中，能否准确刺激到目标受众的需求，对于产品销量有很大的影响。例如，儿童用品的消费人群主要是父母，但使用产品的人却是儿童。所以，通过短视频进行营销，要对准目标人群，即父母这一消费人群。关键点在于如何通过短视频的展示，将产品的用处让用户看得一清二楚，让用户觉得产品确实需要购买，如图 5-2-3 所示。

妈妈们，6个越玩越聪明玩具……

图 5-2-3 某儿童益智玩具短视频营销案例

## 四、短视频的商业变现模式

短视频创作者持续输出优质内容，就会考虑流量变现的问题。变现既是对创作优质内容的回报，也是支撑创作者继续输出优质内容的动力。目前，短视频的商业变现主要有 5 种模式，即广告变现、电商变现、内容付费、直播变现和平台补贴。

### 1. 广告变现

广告变现是短视频创作者直接在自己的作品中接入广告，用户在观看短视频的过程中看到广告，进而产生购买行为，实现变现。广告变现是常见的短视频变现方式之一，广告形式主要包括植入式广告、贴片广告、冠名广告和品牌定制广告等。

植入式广告是将广告主的品牌、产品植入短视频的剧情中，让用户在观看过程中不知不觉形成记忆，进而了解广告主的产品或服务。

贴片广告是指在短视频播放之前、结束之后或者插片播放的广告，其紧贴短视频内容，通过展示品牌来吸引用户的注意，是短视频广告中最明显的广告形式，属于硬广告。

冠名广告是指在短视频内容里加上赞助商或广告主名称进行品牌宣传，进而扩大品牌影响力的广告形式。

品牌定制广告是指以品牌为中心，为品牌或产品量身定制内容的广告形式。这种广告形式将内容主导权下放给品牌，短视频内容为如何更好地表达品牌文化和价值服务。

### 2. 电商变现

内容电商已经成为当前短视频行业的一大趋势。越来越多的企业、个人通过发布原创内容，并凭借基数庞大的“粉丝”群体构建自己的盈利模式，电商便成了其探索商业模式过程中的一个重要选择。短视频电商变现有淘宝客推广模式和自营品牌电商推广模式两种。

淘宝客是一种按成交计费的推广模式，也指通过推广赚取收益的一类人。淘宝客从淘宝客推广专区获取商品推广代码（淘口令），买家通过推广链接或者淘口令进入淘宝卖家店铺完成购买后，淘宝客就可得到由卖家支付的佣金。简单来说，淘宝客就是帮助卖家推广商品并获取佣金的人，其佣金等于成交额乘以佣金比率。

自营品牌电商推广模式分为两种：一种是通过短视频打造个人人设，建立自己的个人电商品牌；另一种是通过短视频为自建电商平台导流。

个人电商以 PUGC（专业用户生产内容）为主，他们通过打造个人品牌成为大流量 KOL，凭借自身的影响力为自有网店引流。这些 KOL 在上传短视频之后，会在短视频中添加商品链接，当用户对短视频中的商品感兴趣时，就可以直接点击商品链接跳转到网店页面进行购买。

自建电商平台以 PGC（以专业视角输出个性化内容）为主，品牌方通过创作优质的短视频内容为自营平台引流，吸引用户进行流量变现。如今随着电商平台的发展，很多品牌建立了自营店，将品牌自营作为商业策略中的重要一环，品牌自营也成为很多大品牌的既定商业动作。

### 3. 内容付费

内容付费是把短视频当作商品或服务，让用户通过支付费用的方式观看，从而实现短视频的商业价值。内容付费又分为用户打赏、平台会员制付费、内容商品付费三种方式。用户打赏是用户对喜爱的短视频内容通过赏金的方式进行资金支持；平台会员制付费是用户定期向短视频平台支付一定的费用，用于优先获得优质短视频内容的观看权限；内容商品付费是用户对单个短视频内容进行付费观看。

短视频内容付费的本质是让用户花钱购买特定的短视频内容。要想让用户付费，短视频内容就必须具有价值性和排他性。

### 4. 直播变现

当短视频在平台上获得大量观看和好评时，就有可能吸引带货主播的注意，进而产生合作机会，主播可通过带货打赏等方式实现变现。

**思政课堂**

## 直播带货消费维权舆情分析报告

根据 2023 年 4 月发布的《直播带货消费维权舆情分析报告》（以下简称《报告》）显示，2022 年直播带货消费维权舆情主要反映了产品质量、虚假宣传、不文明带货、价格误导、发货、退换货、销售违禁商品以及诱导场外交易八方面的问题。其中，产品质量和虚假宣传仍然是直播带货的主要问题。

对此，《报告》提到，监管部门应多措并举加强直播带货监管。平台要依法承担起相应的责任和义务。主播应主动提升自律意识和专业素质。销售商家要诚信守法开展经营活动。用户也要不断提高自我保护意识。

### 5. 平台补贴

在“人人都是用户，人人皆能创作”的新时代，为了鼓励更多的用户创作优质的短视频内容，各大短视频平台纷纷推出了各种扶持计划。其中，2019 年 7 月，西瓜短视频宣布推出“万元月薪”计划，专门扶持短视频创作者。平台设立了百万创作基金和亿元现金分成池，并投入百亿流量，旨在帮助优秀的短视频创作者盈利，从而激励他们长期创作优质内容。2023 年 6 月，中国移动也发布了短视频生态合作计划，宣布将投入超 1 000 亿流量进行扶持，并提供超 1 亿元的内容补贴。这一计划旨在激励内容原创，为短视频行业注入源源不断的创新动力。

由于短视频内容创作者在初期通常没有足够数量的用户和“粉丝”基础，他们很难通过其他方式获得稳定的收入。因此，平台的现金补贴政策成为他们最主要的收入来源和盈利途径，这也使得平台补贴在短视频行业初期成为内容创作者们最直接的经济支持。

通过这些扶持计划和现金补贴政策，短视频平台不仅提供了经济上的支持，更为重要的是激发了创作者的创作热情和创新精神，这有助于推动整个短视频行业的繁荣和持续发展，同时也为内容创作者们提供了一个展示自己才华的舞台。

## 五、短视频营销的流程

短视频营销可以按照制定营销目标、创作短视频脚本、拍摄与剪辑、发布与推广、追踪效果并评估（复盘）5 个步骤来开展。

### 1. 制定营销目标

在基于产品和市场竞争环境、市场定位、市场细分和目标市场选择分析的基础上，制定短视频营销目标和营销计划。短视频营销的每个步骤和动作都必须围绕目标进行，目标确定后才能开始制定营销方案和策划，后续的步骤才能进行。

根据企业和品牌方营销目的和营销重点的不同，营销目标也有所不同，但通常为以下 4 种目标中的一种或几种。

#### （1）变现目标

变现目标具体指企业和品牌方希望通过短视频营销在有限时间内实现多少销量，或者希望销量提升多少，达到怎样的销售额等。

#### （2）流量目标

流量目标即短视频营销各方面的流量数据目标。对于以品牌宣传为目的的短视频营销，流量数据是衡量其宣传目的达到与否的依据，可以表现短视频营销的扩散程度和触达用户数量。

#### （3）影响力目标

影响力目标即通过短视频营销使品牌或商品达到怎样的排名或者取得怎样的榜单数据，适用于需要在短视频平台做商品搜索引擎优化的企业和品牌方，也适用于想要在电商平台上提升商品或店铺排名的企业和品牌方。

（4）引流目标

引流目标即借助短视频的传播能力，将关联商品或服务进行推广并引导流量的效果。对于房产服务、汽车销售、教育培训等服务行业来说，其利用短视频开展营销更多是为了实现引流目标。

### 2. 创作短视频脚本

短视频脚本的创作要围绕营销目标进行，综合考虑短视频主题、表现形式和互动点等内容。

（1）框架搭建

为了弱化营销性质，很多短视频内容都是以剧情类或故事类的形式展开。在开始创作脚本之前，需要搭建剧情的基本框架，包括主题定位、人物设置、场景设置、故事线索、影调运用、背景音乐等。

（2）分镜头脚本写作

短视频分镜头脚本是短视频创作的关键，是短视频的拍摄大纲和要点规划，用于指导整个短视频的拍摄方向和后期剪辑方向，具有统领全局的作用。

### 3. 拍摄与剪辑

短视频的拍摄与剪辑一般需要专业的拍摄和后期制作团队完成，根据营销需求的不同，短视频拍摄与剪辑的难易程度不一。

（1）拍摄提纲

在分镜头脚本完成以后，就可以开始着手拍摄了。根据拍摄的难易程度，制作团队可以在拍摄前写出拍摄提纲。拍摄提纲主要包含短视频的拍摄要点，对拍摄内容起到提示作用，适合在拍摄一些不易掌握和预测的内容时使用。

（2）短视频剪辑软件

借助各类短视频剪辑软件，短视频制作人员能够轻松实现短视频的合并与剪辑、短视频调速、短视频调色、添加字幕、设计音频特效等操作。

### 4. 发布与推广

企业和品牌方可能是在多个平台同时开展短视频营销，不同平台的用户特点、热门话题、用户习惯都有所不同。营销人员在发布短视频时要注意发布时间、发布文案与话题、互动与平台活动、短视频推广等问题。

（1）发布时间

若营销活动是针对特定节假日或特殊日期的，可以在同一天安排全平台同时发布短视频。若是日常活动，则可以依次在各平台发布短视频。

（2）发布文案与话题

发布短视频时，营销人员应该根据不同平台的特点有针对性地准备不同的发布文案与话题。营销人员可以根据营销需求的不同，从简单叙事型文案、设置悬念型文案、引导互动型文案、唤醒情绪型文案 4 个角度进行考虑。

（3）互动与平台活动

若设置了用户参与的活动，营销人员应在官方账号发布的短视频或活动介绍图文中引导用户积极参与，也可以用官方账号与参与活动的用户互动。

（4）短视频推广

短视频发布后，营销人员可以考虑通过购买平台流量来推广短视频。

### 5. 追踪效果并评估（复盘）

短视频发布并不意味着短视频营销的结束，营销人员还需要对短视频营销进行复盘。复盘是一个必要环节，它通过分析短视频数据来提升短视频内容质量，调整和优化短视频运营策略。复盘能够帮助营销人员找出短视频营销的不足之处，从而查漏补缺，不断地优化营销过程，进而提升短视频营销的转化率。一般情况下，短视频营销复盘可分为以下 3 个步骤。

（1）回顾目标

目标是评判短视频营销成功与否的标准。将营销的实际结果与目标进行对比，营销人员就可以明白短视频营销的成绩如何。

（2）分析原因

分析原因是复盘的核心步骤。原因分析到位，整个复盘才是有成效的。通常情况下，营销人员可以从差距入手，开启连续追问“为什么”模式，经过多次追问后，往往能找出问题背后的原因，从而找出真正的解决办法。

（3）总结经验

分析原因后，营销人员往往已经能认识到一些问题，甚至还能总结出一些经验，讨论出一些方法。这样归纳出来的经验和方法需要进行逻辑推演，符合因果关系的结论，才是可参考的、有指导价值的。

## 六、短视频推广

### 1. 短视频免费推广

目前，短视频免费推广中最常用、最有效的方法之一是朋友转发，尤其是在作为私域流量代表的朋友圈中分享短视频链接，并加以描述，可以吸引喜欢的朋友点击观看，同时可以增加转发率。另外，微信群发也是一个不错的选择，既可以利用私域流量增加播放量，又可以收集关于优化短视频的意见，以便更好地完善短视频。

### 2. 短视频平台内付费推广

除了自然流量获取，短视频平台上另一种常见的推广方式是付费流量推广。简单来说，就是投入资金购买流量。这种方式下流量的转化效果，包括“粉丝”的增长、互动率和购买转化等，与投放技巧、短视频质量和账号权重等因素密切相关。付费流量和传统的广告投放相似，都需要积累投放经验，以充分发挥其作用。在使用付费流量时，目的要明确，投放要精准、定向，以提高短视频的热度。

（1）付费流量工具的介绍

付费流量工具是指需要付费购买流量的工具，如抖音的“Dou+”（见图 5-2-4）和快手的“快币”等，都是短视频平台为了帮助创作者快速推广内容、获取流量并加速账号成长而推出的付费流量工具。这些付费流量工具的推出不仅为平台提供了一条直接的盈利途径，也降低了商域流量的购买门槛，让更多的个人创作者和小型商家也能参与其中。这使得那些希望快速培养账号、提升品牌影响力的个人和商家能够通过购买付费流量，在最短的时间内实现账号的快速成长。

图 5-2-4　Dou+ 页面

（2）付费流量工具的使用

因为短视频的创作目的各有差异，所以在流量投放上也要有相应的策略调整。对于个人品牌的打造，一个有效的方法是选取近期相关内容较热门的 3～5 条短视频，每条短视频投放 100 元进行初步引流。观察这些短视频中哪一个对“粉丝”的转化率最高，然后集中资源加大投放力度，通常建议投放大于 1 000 元的费用，以吸引一批精准的“粉丝”。有了“粉丝”基础后，就可以开始制作属于自己的原创内容了。

而对于那些拥有直播间和店铺的账号，他们的目标是打造销售爆款。在这种情况下，他们需要在同一品类下制作 3 条短视频，并给每条短视频分配 100 元的预算。这样做是为了进行测试，看哪一个短视频的投资回报率（ROI）能超过 2。一旦找到这样的短视频，就可以持续加大投放力度，直到 ROI 下降到 2 以下。这样的策略能有效地为直播间或店铺吸引流量。

在进行流量投放时，创作者还必须注意短视频平台的规则和限制，确保内容不违反任何法律法规或社区规定。否则，即使内容获得了投放，也可能因为二次审核不通过而被限制流量。此外，当短视频自然流量已经进入数百万级别的大流量池时，再进行付费投放的效果会大打折扣。

除了直接购买付费流量工具外，还有两种常见的付费推广方式：达人推广和竞价广告。达人推广是与有影响力的达人合作，借助他们的影响力来推广产品或服务。而竞价广告则更接近于传统的广告投放方式，如开屏广告、信息流广告等，都需要通过竞价来获得展现机会。但这两种方式在流量获取和账号打造上可能并不具备明显优势，更多地被用于品牌推广或营销活动。

虽然付费流量有其优势，但创作者不应忽视内容质量的核心地位。无论是短视频还是直播，高质量的内容和持续的更新频率才是吸引流量的关键。各种引流技巧只是锦上添花，不能替代核心内容的重要性。

## 七、爆款短视频打造

短视频已成为个人创业和企业品牌营销的重要战场。平台每日流量庞大，引流成本相对较低。因此，如何打造爆款短视频并利用其为自身引流，就显得尤为重要。下面将详细介绍打造爆款短视频所需的关键步骤。

### 1. 了解推荐算法

目前，我国短视频平台上每日上传的短视频数量约 8 000 万条。由于数量庞大，单纯依赖人工审核已不现实。因此，各大平台纷纷引入 AI 算法进行内容审核，创作者可以通过研究这些算法的推荐规则，深入了解用户喜好和平台规则。值得注意的是，年轻人是各平台的主要用户群体，因此，理解年轻人的喜好对于掌握智能推荐机制至关重要。

### 2. 内容创作

内容是短视频的核心要素。内容创作主要包括文案脚本创作和短视频剪辑创作两个方面。成功的爆款短视频文案脚本应具有明确的主题思想，如娱乐、科普分享或社会热点事件评析等。同时，短视频的剪辑需要保持清晰、美观并具有特色，以吸引用户的注意力，使他们愿意点击观看，并最终因为喜欢而成为忠实的“粉丝”。

### 3. 账号运营及维护

（1）账号运营

短视频创作者要想成功打造短视频账号，实现曝光、变现等目标，必须将短视频账号当成一个内容产品进行运营规划。一般而言，短视频账号的生命周期分为 4 个阶段，即导入期、成长期、稳定期和衰退期。衰退期的表现是“粉丝”数呈负增长，转化获利能力不断减弱，面临市场淘汰。因此，运营者要抓住导入期、成长期和稳定期这 3 个阶段，深耕细作，最终实现短视频账号的转化获利。

1）账号定位。在短视频平台上，一个账号若想迅速崭露头角，并获得持续增长，就必须高度重视内容定位。精准的内容定位不仅能为账号带来巨大的爆发力，而且在很大程度上决定了账号发展的上限，即所谓的“天花板”。因此，运营者在为账号定位时，必须聚焦目标人群，确保所传达的信息能够触达用户认知，与用户的兴趣和需求产生共鸣。

定位的准确性直接关系到账号的变现能力。一个账号如果定位模糊或偏离目标人群，那么其变现能力自然会受到限制。反之，如果定位精准，能够深度吸引并锁定目标用户，那么账号的变现潜力将会大幅提升。

对于自媒体账号而言，情感认同是增强用户黏性的关键因素。只有当账号的定位能够引发用户的强烈情感共鸣时，用户才会更愿意持续关注并参与互动。因此，运营者在制定定位策略时，必须深入挖掘目标用户的情感需求，并以此为基础构建账号的独特卖点。

为了确保营销效果的最大化，运营者还需要坚持账号定位并持续输出高质量的内容。通过在该类型的内容上不断优化和提升，可以增加被平台推荐的机会。这样一来，系统就会优先将内容分发给具有相应标签的用户群体，从而实现营销的精准化。这不仅提高了营销效率，还降低了用户获取成本，为账号的长期发展奠定了坚实基础。

2）形成内容模板。短视频账号的内容模板可以分为开头、正文和结尾 3 部分。开头可以设置两种内容，一种是突出账号特性的内容，包括自我介绍等；另一种是开门见山地引入正文内容，如提问或引入场景等。正文能够完整展示所要表达的内容，要求语言简单、易懂；字幕要使用辨识度高的字体，字号大小适中，不要被页面悬浮内容遮挡。结尾可以引导用户互动，如关注、点赞和评论等，或进行形象展示，当内容模板被团队成员清晰掌握以后，只要团队成员之间足够默契，沟通的时间会大幅缩短，效率大大提升。

3）账号主页设置。在运营短视频账号之前，必须先要完成账号的注册，并完善昵称、签名、头像、基本资料等信息，在此基础之上进行账号的绑定与认证。

（2）账号维护

账号维护主要涉及养号和更新两个方面。养号又分为前期和后期两个阶段，前期主要是在新账号建立的前 7 天内只观看不发布内容；后期则主要观看与自己发布内容相关的短视频。关于更新时间的选择，这需要创作者不断地尝试和摸索，因为每个账号和每种风格短视频的最佳发布时间都是不同的。因此，打造一则爆款短视频并不是一蹴而就的，而是需要经过各种尝试和试错后才能逐渐成功。此外，创作者还需要密切关注“粉丝”的互动情况，以便及时调整内容策略和发布时间，最大限度地吸引和保持“粉丝”

的关注。

### 4. 趣味性与差异化

有趣的内容一直是短视频用户关注的焦点。随着生活节奏的加快，人们在日常生活和工作中承受了太多的压力和负担，急需通过有趣的内容放松身心和缓解压力。因此，在短视频平台上可以尝试为目标用户提供有趣内容的短视频来吸引其关注。短视频与其他社交媒体类似，其内容容易出现同质化问题，为了从海量的内容中脱颖而出，就需要创作者创建差异化内容。内容具有一定的特点，也是成为爆款短视频的一大核心要素。

### 5. 与“粉丝”保持良性互动

在短视频账号的维护过程中，与“粉丝”的互动具有至关重要的意义。每一个在短视频发布后被吸引的“粉丝”，都是日后构建庞大“粉丝”群体的基石。诸如点赞、评论、收藏、转发和模仿等数据指标，均为短视频创作者提供了深入了解“粉丝”需求和评估内容质量的重要途径。短视频创作者需要不断地审视和调整自身产出的内容、风格和路线，以确保能够持续地为用户提供高质量的创意内容。这种运营策略不仅有助于巩固既有的“粉丝”基础，还能够不断吸引新的用户，从而构建一个健康和持续发展的短视频运营生态链。在这样的生态链中，创作者与“粉丝”之间形成了良好的互动关系，共同推动着内容的创新和优化，为平台的繁荣做出积极的贡献。

## 实训任务

任务描述：

挑选短视频平台，搭建一个“三农”类别短视频账号，完成账号的名称、头像、背景图和简介的设置，突显“三农”账号的特色。针对上一任务中制作完成的特色农产品宣传短视频，撰写标题及文案，制作短视频封面，分发至适合的短视频平台上，并进行进一步推广。

任务目标：

通过发布并推广特色农产品宣传短视频，进一步巩固短视频发布和推广的相关操作。

## 思考与练习

1. 短视频优化包括哪些方面？
2. 简述短视频营销与传统营销的区别。
3. 短视频营销有哪些技巧？
4. 短视频推广有哪些方式？

# 模块六　短视频数据统计与分析

学习目标

1. 认识短视频第三方数据平台
2. 了解常见的短视频官方数据
3. 掌握短视频数据分析指标
4. 掌握短视频运营数据分析维度
5. 能完成短视频基本数据采集
6. 能通过分析数据发现短视频存在的问题并加以修正

## 学习单元 1　短视频数据统计

### 一、短视频官方数据

在做短视频运营时，每一个环节、每一个决策都需要根据数据来进行调整和优化。每当一个短视频发布出去，运营者都需要迅速对各项数据进行观察和分析，并敏捷地根据数据反馈进行优化。

很多短视频平台都为用户提供了丰富的数据统计功能。以抖音平台为例，它为短视频创作者提供了大量直观、有用的数据。这些数据不仅包括每一个短视频的播放量、点赞量、评论量，还有关于账号总体的转发量与收藏量及平均值等。这些数据可以帮助创作者迅速了解短视频的表现，从而进行针对性的优化。

#### 1. 播放量

播放量是衡量一个短视频作品被用户观看次数的重要指标。在短视频平台上，每当一个短视频发布后，平台会根据一系列算法和规则为其分配一定的初始流量，这个流量范围通常为200～500。这意味着，无论创作者的“粉丝”基础如何，他们的短视频作品都有可能获得至少200次的播放，这也是短视频平台为确保内容达到公平展示而设定的一种机制。因此，创作者不应过分依赖原有的“粉丝”基础，而应关注内容的质量和吸引力，以吸引更多的用户。

### 2. 点赞量

点赞量在短视频运营中扮演着至关重要的角色，它是衡量短视频内容是否优质的关键指标。一个短视频获得大量点赞，意味着内容受到了用户的喜爱和认可，因此平台也更愿意将这样的短视频推送给更多的用户。

### 3. 评论量

当一个短视频作品吸引了大量的评论，这实际上是一个强烈的信号，表明该作品的内容质量很高，而且具有很强的话题性。这种话题性可以激起更多用户参与讨论，发表自己的观点和看法，从而进一步推动短视频的传播和曝光。

从平台的角度来看，大量的评论也意味着用户的活跃度和参与度都很高。这对于平台来说是非常有价值的，因为它有助于保持平台的活力和黏性，从而吸引更多的用户加入。在市场化的竞争中，一个具有高评论量的优质短视频无疑会获得平台更多的推荐和支持，帮助它在众多的内容中脱颖而出。

因此，对于创作者来说，鼓励用户发表评论、参与讨论，是提升短视频曝光量和影响力的重要手段之一。

### 4. 转发量与收藏量

当用户观看完一个短视频作品后，选择进行转发，这一行为对于提升账号权重有着积极的影响。转发量实际上是一个衡量短视频内容受欢迎程度和传播效果的重要指标。

除了转发量，收藏量也是衡量短视频价值的重要依据之一。一般来说，那些具有推荐价值、“种草”属性或知识型内容的短视频更容易引起用户的转发和收藏行为。这是因为这类短视频通常能够给用户带来实际的价值或启发，引发他们的共鸣和分享欲望。

转发量与收藏量的增长不仅可以提升账号在平台上的权重和曝光度，还能够扩大作品的影响力和传播范围。当用户转发或收藏了一个短视频，他们实际上是在向自己的社交圈或个人收藏夹中推广这个作品，从而带来更多的潜在用户和“粉丝”。

因此，对于创作者来说，鼓励用户进行转发和收藏是提升短视频运营效果的重要手段之一。这可以通过在短视频结尾处添加引导语、提醒用户转发或收藏，或者在短视频描述中添加相关的转发和收藏标签来实现。同时，创作者还应该关注用户的需求和兴趣，创作具有实际价值和吸引力的内容，以激发用户的转发和收藏欲望。

### 5. 平均值

除了之前提及的各项直观数据，还有一个重要的隐藏数据，即平均值。这个平均值是基于账号发布的所有作品的播放量之和，再除以作品的数量得出的。对于运营者来说，这个平均值具有非常重要的参考价值。

平均值可以帮助运营者更全面地了解账号的整体表现。一个高的平均值意味着账号的内容质量较为稳定，并且受到用户的喜爱。而一个较低的平均值则可能暗示着账号的内容质量不够稳定，或者用户对内容的兴趣有所减退。

运营者可以根据平均值的变化趋势来调整和优化内容策略。如果平均值呈现上升趋势，说明账号的运营效果正在提升，可以继续保持当前的内容策略。而如果平均值呈现下降趋势，运营者就需要深入分析原因，并采取相应的措施来提升内容质量和吸引力。

因此，对于短视频运营者来说，不仅要关注单个短视频的播放量、点赞量等指标，还要重视平均值这一隐藏数据。通过对平均值的监测和分析，运营者可以更全面地评估账号的运营效果，并作出相应的调整和优化，从而提升短视频内容的质量和影响力。

以上五个指标中，点赞量是对短视频影响权重最高的一项，点赞量越多，推荐量越多，播放量也越多。当点赞量持续上升时，说明账号的内容吸粉能力很强，表示了“粉丝”对账号的认可。

## 二、第三方数据

### 1. 第三方数据分析平台

短视频数据涵盖多个方面，包括用户基数、用户行为、内容互动等。这些数据部分来源于平台本身的数据库，如抖音平台和快手平台的创作者中心提供了基础数据支持等。然而，要进行更深入的数据洞察，则需要借助第三方数据分析平台来完成。随着短视频行业的快速发展，越来越多的第三方数据平台涌现出来，为创作者和运营者提供了丰富的选择。

（1）卡思数据

卡思数据被称为短视频行业的风向标，因为它是一个短视频全网大数据开放平台，能够监测抖音、快手、美拍、秒拍、西瓜短视频和火山小视频等多个平台，它的主要功能包括 MCN 管理，支持查看各大短视频平台账号的运营数据。除此之外，卡思数据还提供热门短视频、背景音乐和平台热点等功能。

（2）飞瓜数据平台

飞瓜数据平台是一个专业的短视频数据分析平台，它可以对单个账号进行数据管理，查看日常运营情况，也可以对单个短视频进行数据追踪。此外，飞瓜数据平台还能收集热门短视频、背景音乐和博主等相关信息，并能查看热门博主带货情况。

（3）短鱼儿

短鱼儿定位为直播短视频产业链服务商，以其丰富的小程序功能受到用户信赖。它可以监测运营账号数据，方便用户了解多个账号的点赞和“粉丝”变化情况。短鱼儿还有 MCN 机构资料库和热点内容汇总功能，可以直接将当日涨粉最多的账号和最火的短视频、背景音乐等进行展示。

（4）Toobigdata

Toobigdata 是一个短视频运营与商品变现大数据分析平台。它提供了丰富的抖音数据和实用工具，包括最新行业资讯、热门商品和账号诊断等。大部分数据可以免费查看，适合一般用户使用。

（5）新榜

新榜是一个内容产业服务平台，最早专注于微信公众号排行，现在也开通了抖音账号排行榜。用户可以在新榜上查看各个领域的顶级抖音账号和相关数据维度，如新增作品数、转发数、评论数等。不过相对于其他专业数据分析工具，新榜的功能略显单薄。

（6）婵妈妈

婵妈妈是一个垂直的抖音短视频电商数据分析服务平台，提供各类榜单和抖音生态数据，包括直播、短视频、爆款商品和 Dou+ 精准 ROI 等，适用于网红达人、供应链商家、MCN 机构和直播商家进行选人选品和精准数据分析。

（7）灰豚数据

灰豚数据之前主要从事淘宝直播带货工具的开发，在直播带货数据方面有丰富的经验，现在开拓了与短视频相关的分析板块，接入了大数据应用程序接口，数据准确性和普遍性较高，平台内容丰富，分类和功能协调美观。

（8）抖查查

抖查查是一个短视频热门创意和直播带货的大数据分析平台，提供流量趋势分析、热门短视频、背景音乐和爆款商品等数据工具。它助力于短视频电商运营内容定位、“粉丝”增长和画像优化以及流量变现，并可以进行直播电商带货数据的监控和分析。

（9）火烧云数据

火烧云数据是短视频领域权威的数据分析平台，依托专业的数据挖掘和大数据分析能力提供数据支持。

（10）抖 V 数据

抖 V 数据是以大数据驱动的短视频直播产业链服务商，主要服务于商业化企业、品牌方和内容生产商，提供内容创意库、内容数据跟踪和深度分析功能，帮助企业做出业务决策并发掘潜在市场规模。

（11）小葫芦

小葫芦是国内领先的泛娱乐行业一站式解决方案平台，它依托自主研发的 AI 直播插件和专业的富媒体数据挖掘与分析能力，提供全方位的泛娱乐行业数据检索、趋势预测和 DMP（数据管理平台）分析等功能。

（12）CCSight

CCSight 是一个专业的内容电商数据监测与分析平台，它聚合了全网最新、最热的短视频创意，涵盖多个短视频平台的最热门内容。

（13）乐观数据

乐观数据可以追踪短视频爆款，为创作者提供创意参考和数据挖掘分析。同时，帮助内容投资者和广告投放者做出全面的价值评估和数据参考。

（14）优传数据

优传数据为广告主提供 KOL 数据的智能分析，通过大数据为 KOL 广告投放提供决策支持。

（15）topklout

topklout 拥有跨平台、全维度自媒体数据及多元数据产品，具有数据挖掘能力和深刻的自媒体行业研究洞察经验，专注于自媒体经济、行业发展、竞争分析和“粉丝”画像等研究方向。

（16）优略

优略是一个短视频生态服务平台，提供抖音数据和快手数据的分析检测以及高效管理达人账号、热门短视频和背景音乐等功能，适用于短视频电商数据、爆款商品和排行榜的检测和分析。

以上是当前市场占比较大且相对稳定的短视频数据分析平台，由于技术支撑成本较高，上述平台大多需要付费使用。每个平台擅长的数据分析领域不同，因此在选择使用时，需要根据具体需求进行评估。

### 2. 第三方数据分析平台提供的服务

对于第三方数据分析平台提供的服务，大致可以分为以下几类。

（1）直播数据大盘

直播数据与短视频的关系密不可分，因此，各大数据平台都将直播数据视为其最核心的内容。创作者可以通过这些数据平台的直播数据大盘功能，掌握直播电商的整体趋势，了解近期的直播间动态。同时，根据带货直播的热度、实时用户热度以及上架商品热度等数据，创作者可以更准确地把握直播间的销售风向。

（2）MCN 资料库

对于新进入短视频直播领域的新手，第三方数据分析平台提供了 MCN 资料库功能。通过此功能，有意向签约 MCN 机构的个人短视频博主以及希望委托 MCN 机构进行推广和带货服务的企业和品牌方可以方便地获取各种 MCN 机构的详细资料，包括机构类型、所在地区、“粉丝”量级等，并根据机构画像进行筛选。

（3）直播号对比

目前，多个直播号的同时对比功能在许多第三方数据分析平台上已经成为标配。这一功能可以帮助短视频创作者获取关于直播品类、直播销量、直播销售额以及直播间用户画像等多项关键数据。

（4）短视频达人榜

短视频达人榜是第三方数据分析平台为短视频创作者和运营团队精心准备的一项重

要功能。在这个榜单中，达人的各项指标都得到了详尽的分析。根据达人的短视频内容创作能力，榜单细分为短视频达人指数榜、短视频涨粉指数榜等六个侧重点不同的子榜单，以满足不同需求和目标的创作者和运营团队。

（5）商品榜

商品榜主要聚焦线上销售商品的数据。通过这一榜单，创作者和运营团队可以筛选出不同品类和来源的热销商品，并根据直播销量、挂车销售额和价格等因素进行排序。更重要的是，他们可以查看与某款商品相关的其他直播和带货短视频，深入了解该商品在不同直播间的销售情况和相关短视频的带货效果。

（6）对接服务

为了更全面地服务商家和短视频创作者，一些数据分析平台还提供了对接服务功能。这些平台不仅擅长数据分析，还为商家提供短视频和直播达人的商品推广投放服务和匹配对接服务。对于缺乏精力寻找对接达人的商家来说，这项服务尤为实用。

（7）直播间搜索

直播间搜索功能提供了详细的分类筛选条件，用户可以选择达人类型、直播时间和是否直播带货等条件进行搜索。搜索结果可以根据直播销量、直播销售额等因素进行排序。点击“查看详情”后，用户可以查看该场直播的带货数据、人气数据和最重要的带货商品销售数据。

（8）数据监控

数据监控是第三方数据分析平台为用户提供的基础服务之一。用户可以通过这一功能对某个平台上的特定账号或某场直播进行分钟级的数据监测，实现更快、更准、更全的数据获取。

（9）带货短视频榜

对于那些想要提升账号引流效果的创作者来说，带货短视频榜是一个极具参考价值的资源。通过这一榜单，创作者可以总结热门的带货短视频内容类型和特点，从而更有针对性地创作符合市场需求的带货短视频。

（10）账号对比功能

账号对比功能可以帮助用户快速通过竞品账号对比找出自身账号或短视频存在的问题，并从多个维度，如基本数据、“粉丝”画像和带货直播等方面进行数据对比，从而获得更直观清晰的分析结果，找到符合自己宣传推广或产品定位的策略。

## 三、热门短视频数据

短视频平台的热门短视频数据主要包括完播率、平均播放时长、互动率和吸粉率，这四项数据对于短视频的热度具有重要影响。

当短视频进入流量池后，平台会根据内容以及在流量池中的表现，即完播率、平均播放时长、互动率和吸粉率，对数据进行评估。如果这几个数据表现出色，平台会将短视频投放到下一阶段的流量池，拥有更多的曝光机会。平台会从这四个维度重新评估短视频的表现，以决定是否将其推送到更大的流量池中，让更多人观看到短视频作品。因此，要想让短视频在平台上获得更多的曝光和热度，创作者需要注重提高完播率、平均播放时长、互动率和吸粉率。通过优化短视频内容的质量和吸引力，可以增加用户的观看时长和互动意愿，从而提高这些核心指标。同时，创作者还可以通过积极互动、定期更新等方式吸引更多的“粉丝”，以提升吸粉率。这些努力将有助于短视频在平台的算法中获得更好的评价，进而获得更多的曝光和推广机会。

#### 1. 完播率

完播率是短视频数据分析中的核心指标，对于短视频创作者来说至关重要。一般来说，完播率保持在 30% 以上是表现较好的数据，有助于短视频进入更大的流量池并获得更多曝光。

#### 2. 平均播放时长

平均播放时长是评估短视频表现的重要指标。一般来说，平均播放时长在 3 秒以下被认为表现不佳，3～7 秒属于一般范畴，7～15 秒被评为较好，15 秒以上则是非常好的数据。平均播放时长越长，越能获得系统的推荐和关注。为了增加平均播放时长，创作者应注重短视频的画质和音效，运用黄金 3 秒法则，并在短视频中多留悬念、多加反转、多创作出具有吸引力的内容。

#### 3. 互动率

互动率包括点赞、评论和转发三个方面。用户点赞表示对短视频内容的认同和喜欢，评论能反映用户对短视频的态度和看法，转发则代表用户对短视频的高度认可。互动率最大的价值是确定算法对短视频的推荐量。一般来说，完播率越好，短视频的互动率越大，算法对短视频的推荐就会越多，上热门的潜力就会越大。互动率的算法包括点赞率、评论率和转发率，其中点赞率在 3% 以上、评论率在 1% 以上、转发率在 0.5% 以上相对较好。

#### 4. 吸粉率

吸粉率是评估短视频吸粉效果的重要指标，计算公式为：（短视频吸粉量 / 短视频播放量）× 100%。吸粉率在 1% 以上才算是一个比较好的数据。保持短视频发布频次和创意生产，打造有趣又有用的内容是吸粉的关键。同时，选择好的背景音乐也能提升短视频的吸引力和热度。

在进行短视频数据分析时，创作者应重点关注这四项数据并进行针对性的提升。此外，还需要结合经验的积累和技能知识的储备来提升短视频的各项数据。

### 四、实时热点数据

实时热点数据是指在特定时间内，短视频平台上用户发布的内容获得了极高的关注度和热度，表现为观看量、播放量或点击量的大幅增长，并因此被推上热门。这些热点内容通常由广大用户关注或欢迎的新闻、信息或特定时期引人注目的事件所引发。

实时热点数据的产生与全平台的话题讨论度和短视频传播度密切相关。当某个话题或事件在平台上引发大量讨论和传播时，它就越有可能成为实时热点。这种讨论和传播可以通过用户的点赞、评论、转发等行为来体现，也可以通过短视频被推荐到更大的流量池中获得更多曝光来推动。

对于创作者来说，关注实时热点数据并据此创作短视频，是获得更多曝光和关注的有效途径。通过捕捉热点话题或事件的趋势，创作者可以制作出与用户需求和兴趣相匹配的内容，以提高短视频的吸引力和传播力。同时，参与热点话题的讨论和传播，也能增加创作者的影响力和“粉丝”互动频率，推动个人品牌的发展。

#### 1. 热门评论

在创作短视频时，预先判断用户可能产生的情绪和观点是至关重要的。因为评论数量越多，短视频的热度就越大。通常，1%以上的阅览量就是不错的评论数据。为了提升评论率和完播率，一种有效的方法是“预设”，即在创作之前，预先规划用户的评论风向，让用户跟着预定的节奏走，这可以通过在短视频中或短视频标题里进行预设来实现。另一种方法是在短视频中提出问题，引导用户在评论区寻找答案，或者用标题或短视频结尾引导用户评论留言。此外，扩大用户指向范围也能引发更多的评论。

#### 2. 热门音乐

音乐在短视频中起到了至关重要的作用，可以增强短视频的氛围、情感和信息传递效果。当一个短视频成为热门时，其使用的音乐也会随之曝光度大增，进而成为热门歌曲。因此，选择合适的音乐对于短视频的效果至关重要。在选择音乐时，需要考虑音乐的风格是否与短视频内容相符，以及音乐是否具有较高的传唱度和曝光率。同时，也要注意选择版权合法的音乐，避免侵权问题。

#### 3. 热门话题

热门话题是指在平台上引发大量讨论和关注的话题。对于创作者和运营者来说，参与热门话题是获得更多曝光和关注的有效途径。通过数据分析工具，可以了解热门话题的用户关注度、曝光量、交互量等指标，帮助创作者或运营者更好地发现热点话题并制定更有针对性的营销策略。同时，也可以结合其他因素来分析话题的热度和趋势，如时事热点、节假日热点等。参与热门话题的方式可以是发表相关主题的短视频或评论，也可以是通过标签的形式将自己的作品归类到相关话题下。无论是通过哪种方式参与热门话题，都需要注意内容的质量和与话题的相关性，以获得更好的效果。

# 学习单元 2　短视频数据分析

## 一、账号数据分析

在短视频领域，数据分析是非常重要的一项工作，因为只有了解各项数据，才能更好地进行优化，提高短视频的质量和用户黏性。简单来说，数据分析就是根据短视频的播放量、点赞量、评论量以及吸粉率等，对短视频主题、内容、文案、类型、封面、标题等进行相应调整的过程。

### 1. 分析自己短视频数据

在短视频基础数据中，首先要分析的是赞粉比，即点赞量与新“粉丝”的比例。若比例为 10：1，说明该短视频的质量相对较高。理论上，每 10 个点赞应该带来 1 个新“粉丝”。当赞粉比超过 10：1 时，意味着短视频可能吸引了大量新流量。其次，要分析播赞比，即播放量与点赞量的比例，优秀的短视频播赞比应达到 20：1，也就是说每 100 次播放通常有 5 次点赞。

### 2. 分析其他短视频数据

除了分析自己的短视频相关数据外，还要了解其他短视频的数据信息，通过分析其他短视频的吸粉率和点赞量等，判断其是否有学习参考的价值。

### 3. 分析热门短视频数据

除了关注自己和其他短视频的数据外，还需要对热门短视频的数据进行分析和总结。例如，要关注最近的热门话题和流行的背景音乐，思考如何将这些元素融入自己的作品中。同时，要调查热点话题的阅读量和评论方向，总结归纳后融入自己的选题中。但需要注意的是，不是所有的话题或热点都可以使用，需要谨慎选择与自己内容相关的话题进行结合。虽然对热门话题的数据分析可能需要更多的时间和精力，但这样的分析对提升短视频的创作和运营效果十分有益。

## 二、“粉丝”数据分析

在短视频生态中，“粉丝”不仅是用户，更是内容的推动者和传播者。他们的存在、互动和支持，为短视频账号带来了生命力、曝光度和商业机会。因此，深入理解和分析“粉丝”数据，对于任何希望在短视频平台上取得成功的创作者来说都是至关重要的。

### 1. “粉丝”数据的核心价值

（1）曝光与流量

“粉丝”是短视频内容的主要用户，他们的点赞、分享和评论能够帮助短视频获得更多的曝光，从而吸引更多的用户。

（2）用户忠诚度

“粉丝”通常会持续关注并支持他们喜欢的账号，这种忠诚度可以转化为稳定的观看量和互动。

（3）商业合作与变现

拥有大量“粉丝”的账号具有更高的商业价值，能够吸引品牌合作和广告投放，从而实现变现。

### 2.“粉丝”数据分析的重要性

通过对“粉丝”数据的深入分析，创作者和运营者可以更加精准地了解他们的目标受众，从而优化内容策略、提高短视频质量和互动效果。这种分析可以帮助他们发现哪些内容类型、发布时间和互动方式最能吸引和留住“粉丝”。

### 3.“粉丝”数据的主要指标

（1）基础数据

基础数据包括总“粉丝”数、日增长数、总点赞数和日点赞数等，这些基础数据能够直观地反映账号的影响力和受欢迎程度。

（2）“粉丝”画像

“粉丝”画像涵盖用户的性别、年龄、地域和消费能力等信息。了解这些信息有助于创作者创作出更符合目标受众喜好的内容。

### 4.“粉丝”画像的深入分析

（1）性别

不同性别的“粉丝”可能有不同的内容偏好，因此分析性别比例可以帮助创作者调整内容策略。

（2）年龄

不同年龄段的“粉丝”有着不同的生活经历和兴趣爱好，针对他们年龄特点的创作内容能够提高短视频的吸引力。

（3）地域

了解“粉丝”的地域分布可以帮助创作者创作更加符合当地文化和习俗的内容，从而提高短视频的接受程度。

（4）消费能力

对于寻求商业合作的账号来说，了解“粉丝”的消费能力至关重要，因为这直接关系到合作品牌的定位和产品的选择。

“粉丝”数据分析是一个复杂而细致的过程，它不仅涉及数据的统计和整理，更需要结合人群心理和市场趋势进行深入剖析。只有这样，才能确保数据分析的结果能够为短视频账号的发展提供有力的支持。

## 三、电商数据分析

电商数据也就是商家运营数据，包括销售数据、点击数据和转化数据三大类。

### 1. 销售数据

销售数据是店铺经营的重点数据，应定期整理销售数据，以周、月、季度为时间跨度，对比同期的数据变化，根据商品在不同时间的销售差距分析短视频营销是否有发展的空间，如果有可改善优化的余地，应及时进行调整。

### 2. 点击数据

在传统的电商平台上，点击数据是一个商品是否具有吸引力或能否拥有大量收益的重点。同样，在短视频平台上的商品点击率也是非常重要的数据。影响商品点击率的因素常有商品的主图、价格、标题、详情页等。在曝光率理想的情况下，点击率低，要考虑上面的因素是否不够完善，或者看商品参加活动前后的点击率变化，从中找到原因进行优化。

### 3. 转化数据

商品没有转化数据就等于短视频营销失败。转化越高说明店铺流量越精准、访客价值越高，也就说明商品更受欢迎。从转化数据也能看出短视频营销存在的问题，分析可改善方向，及时优化以提高商品转化率。

## 实训任务

任务描述：

打开短视频平台后台及第三方数据分析平台，查看上一任务中发布到平台上的特色农产品宣传短视频的相关数据，记录并总结该短视频常用的数据分析指标，并提出针对性的短视频优化建议。

任务目标：

通过记录、总结短视频推广数据，进一步掌握短视频数据分析平台的使用和常用的数据分析指标，并能对短视频提出进一步的优化建议。

## 思考与练习

1. 在短视频运营中，数据分析的作用是什么？
2. 列举出至少 3 个短视频第三方数据分析平台。
3. 简述短视频数据分析指标的类型。

# 模块七　短视频制作案例

学习目标

1. 掌握商品展示短视频制作的实操要点
2. 掌握企业宣传短视频的创意构思
3. 了解不同行业短视频营销的要点
4. 能对优秀短视频案例进行创作解析

## 学习单元 1　商品展示短视频的制作案例

本案例围绕艺术家系列棉签商品展示进行短视频制作。

### 一、短视频制作前期准备

#### 1. 短视频策划

相比于图文类的商品介绍，商品展示短视频更加生动形象、真实具体，能够更加详细地展示商品细节。制作出高质量的商品展示短视频离不开精心的策划准备。

本案例商品为艺术家系列棉签，通过深入挖掘商品信息，了解到该商品卖点为原创设计、超大容量、新疆长绒棉、不含荧光剂。该商品为日用品，一般在家中使用。根据商品属性及卖点，确定短视频的整体画面要营造家的感觉以及温馨的氛围。

#### 2. 短视频脚本撰写

根据策划好的短视频主题，撰写短视频脚本。为了充分展现商品，脚本中设计了全景、近景、远景、特写、大特写等景别，并结合字幕来展现。艺术家系列棉签商品展示短视频脚本见表 7-1-1。

表 7-1-1　　艺术家系列棉签商品展示短视频脚本

| 镜号 | 景别 | 画面内容 | 字幕 | 时长（s） |
|---|---|---|---|---|
| 1 | 全景 | 家里，桌子上，一缕阳光从窗口照射进来，将商品照亮 | | 5 |
| 2 | 远景 | 商品的完整展示 | 艺术品级的原创设计 | 3 |
| 3 | 特写 | 商品包装的局部特写 | 视网膜级的精美印刷 | 3 |
| 4 | 大特写 | 棉签商品的特写，慢动作展示棉签上的棉花 | 精选新疆长绒棉，天然亲肤 | 3 |
| 5 | 近景 | 大量的棉签从镜头上方落下，密密麻麻地落在商品包装的前面 | 超大容量，经久耐用 | 4 |
| 6 | 远景 | 拿着荧光剂检测笔，通过照射普通 A4 纸和棉签，做出对比 | 不含任何荧光剂，安全卫生 | 4 |
| 7 | 全景 | 展示全部商品 | | 3 |
| 8 | 定版 | 展示商品标志 | | 5 |

## 3. 短视频拍摄准备

（1）选择拍摄器材

艺术家系列棉签商品选择智能手机拍摄。由于基本上是固定镜头，所以还需要使用三脚架（见图 7-1-1），以及能够适当提供环境光的光源进行配合。

图 7-1-1　拍摄器材示意图

（2）场景布置

因为拍摄的商品较小，因此布置的场景也相对简单。前景摆一张木质小茶几，将拍摄的商品放在上面，作为拍摄的主场景。远景放置一张布艺沙发，柔软的质感营造如家般放松的氛围，如图 7-1-2 所示。

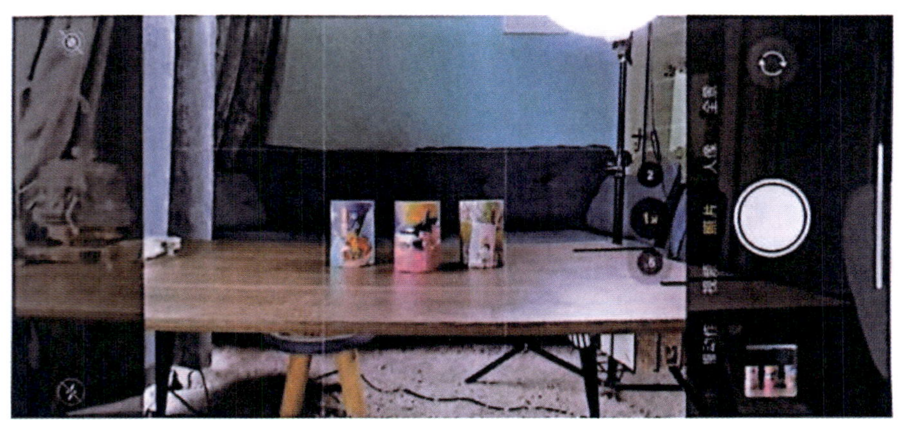

图 7-1-2　取景框中的拍摄场景

（3）布光

因为要营造阳光照射进来的视觉效果，整个拍摄场景被设置在一面大的落地窗旁边，这样可以有效地利用自然光作为主体光。

房间天花板上有吸顶灯，位置位于窗户的另一侧，打开吸顶灯可以有效照亮物体的阴影区，作为辅助光来使用。

再使用一盏补光灯，从背侧面对物体阴影区进行照明，作为轮廓光来使用，如图 7-1-3 所示。

图 7-1-3　布光示意图

## 二、短视频拍摄

做好拍摄准备后，就可以根据脚本内容进行短视频的拍摄了。为了方便后期制作，在拍摄短视频素材时，将拍摄尺寸、帧速率和画质都调至最高。拍摄的时候，以 1 倍或 2 倍变焦来拍。

由于器材只有一盏补光灯，因此，在拍摄时需要尽可能地发挥主观能动性，充分使用一切可以使用的道具和资源。例如，第一个镜头需要拍摄阳光缓缓照亮桌子上的棉签，可以采用缓缓拉开窗帘，再将补光灯缓缓调亮的方式，拍出商品被照亮的过程，如图 7-1-4 所示。

在一些镜头的拍摄中需要有人进行操作。例如，根据脚本显示，镜头 3 中展示过外包装后，如果直接切换到镜头 4 打开包装展示内部棉签的话，会比较突兀。因此，需要补充一个打开棉签包装的镜头。使用俯拍的机位，拍摄双手入镜将棉签包装盒的盖子打开，露出里面的棉签，如图 7-1-5 所示。

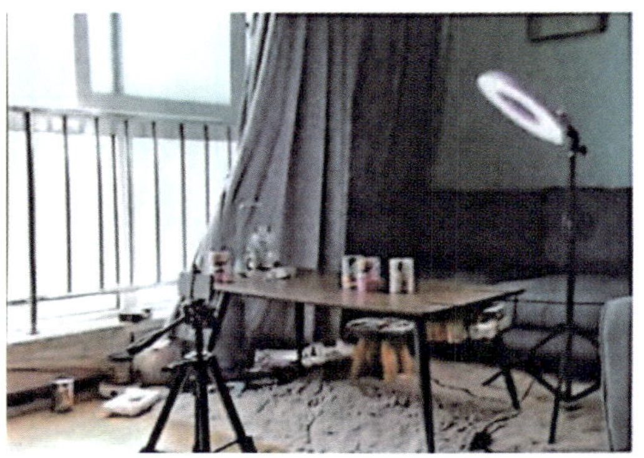

图 7-1-4　拍摄商品被缓缓照亮的过程

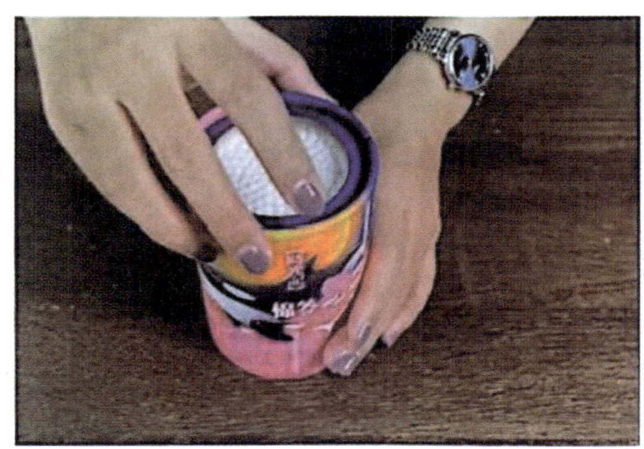
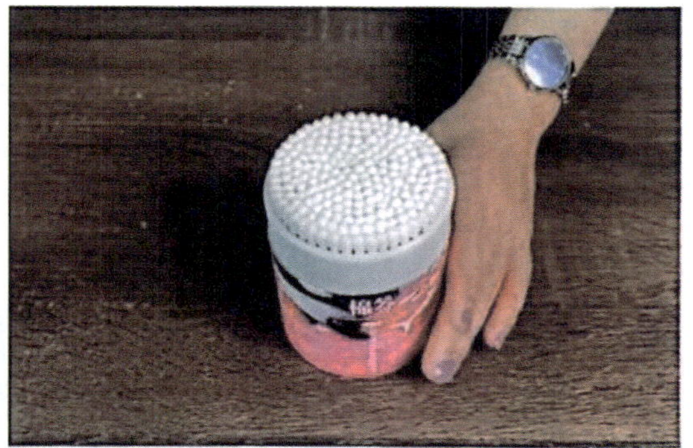

图 7-1-5　打开棉签包装盒的镜头

拍摄镜头 6 时，需要展示荧光剂检测笔照射 A4 纸和商品时不同灯光效果的对比，因此需要将 A4 纸和商品放在一起进行俯拍，如图 7-1-6 所示。

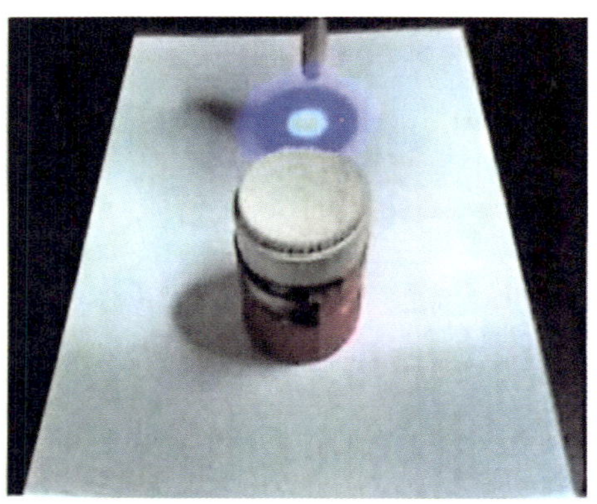

图 7-1-6　拍摄荧光剂检测笔时的布景

拍摄时，每个镜头可以拍摄多遍以便保留更多素材，每个镜头拍摄的时长也要超过脚本中规定的时长，以便于后期剪辑。本案例共拍摄了 84 个视频素材，如图 7-1-7 所示。

图 7-1-7　全部拍摄素材

## 三、短视频剪辑制作

短视频剪辑之前，首先要确定剪辑思路。商品展示短视频的时长不宜过长，要在有限的时间内传递明确的信息。下面介绍艺术家系列棉签商品展示短视频剪辑的具体操作。

### 1. 粗剪

打开 Premiere 软件，新建一个名为“棉签商品短视频剪辑”的项目，进入主界面后，按【Ctrl+N】组合键，新建一个名为“棉签商品剪辑”的序列，使用“ARRI 1 080P 25”的预设，这样就创建了一个标准的画面尺寸为 1 920 × 1 080 像素、帧速率为 25 fbs、像素长宽比为方形像素（1.0）、场为无场的标准 1 080P 剪辑序列。

粗剪的第一步是筛选素材，先是删除拍摄有明显问题的素材，然后对同样内容的素材，挑选出效果最好的，将其导入剪辑软件中。本案例拍摄的素材有 84 个，最终使用到 13 个素材，将 13 个素材按照先后顺序加以接合，形成短视频初样。

### 2. 添加背景音乐并精剪

本案例使用的是一支爵士风格的背景音乐，节奏性较强。将背景音乐素材拖到时间轴的 A1 轨道上，并将轨道拉高一些，使背景音乐的波形效果展示得更加完整，如图 7-1-8 所示。

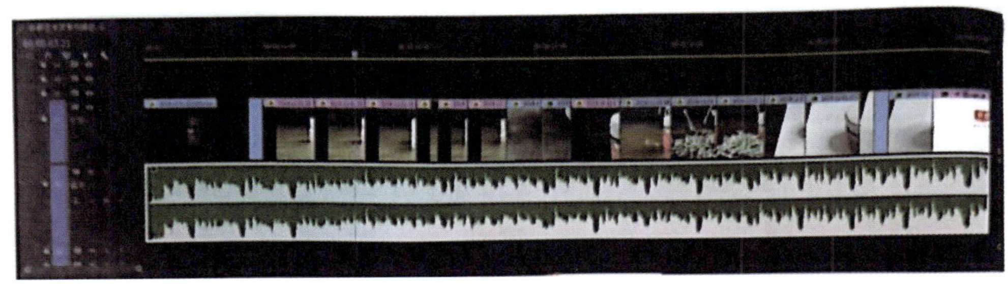

图 7-1-8　背景音乐在时间轴上的波形效果

背景音乐总长度为 1 分 52 秒，而视频长度只有 30 秒，因此需要对背景音乐进行裁剪，将多出的部分剪掉。按空格键进行预览，发现背景音乐结束得过于突兀，需要在背景音乐的尾部添加音乐渐隐的效果。

执行“窗口”-“效果”命令，打开“效果”面板，逐一点开“音频过渡”-“交叉淡化”文件夹，找到“恒定功率”效果，使用鼠标左键将其拖动到背景音乐的结尾处，这样就可以使背景音乐缓缓消失。如果觉得音乐消失的效果还是太快，可以在时间轴上用鼠标右键点击该效果，在弹出的浮动菜单中选择“设置过渡持续时间”，将时间增长，如图 7-1-9 所示。

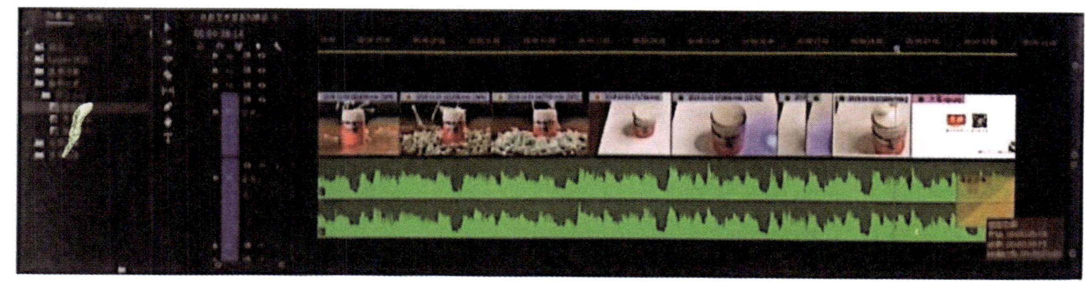

图 7-1-9 在背景音乐结尾处添加渐隐效果

接下来，按照背景音乐的节奏点，在粗剪的基础上，对镜头的出入点进行更为精准和精细的剪辑。

### 3. 添加字幕

因为本案例没有配音，所以商品卖点需要通过字幕的形式在画面中展现。

执行“文件”-“新建”-“旧版标题”命令，弹出“新建字幕”窗口，按“确定”按钮后可以打开旧版标题的制作界面。在左侧的工具栏点击“文字工具”，然后在主画面中点击鼠标，就可以输入文字了。输入文字以后，在左侧的属性栏中可以设置字体、字号、行距、字间距等，还可以在填充属性栏中设置文字的填充颜色。调整好以后，使用左侧工具栏中的“选择工具”，将画面中的文字拖动到合适位置，如图 7-1-10 所示。

将旧版标题的制作界面关掉，这时会看到“项目”面板中多了一个“字幕 01”的文件，将文件拖动到时间轴的 V2 轨道上，这样就在正片中加入字幕效果了。

第 1 个镜头是商品逐渐被照亮，字幕也可以随着画面的亮度变化而出现。在时间轴上选中字幕文件，在“效果控件”面板中，给“不透明度”属性打上关键帧，让字幕有一个淡入的动态效果，如图 7-1-11 所示。

反复使用上述方法，将文案中的商品特点以字幕的形式展示在短视频相对应的镜头画面中，如图 7-1-12 所示。

图 7-1-10 旧版标题的制作界面

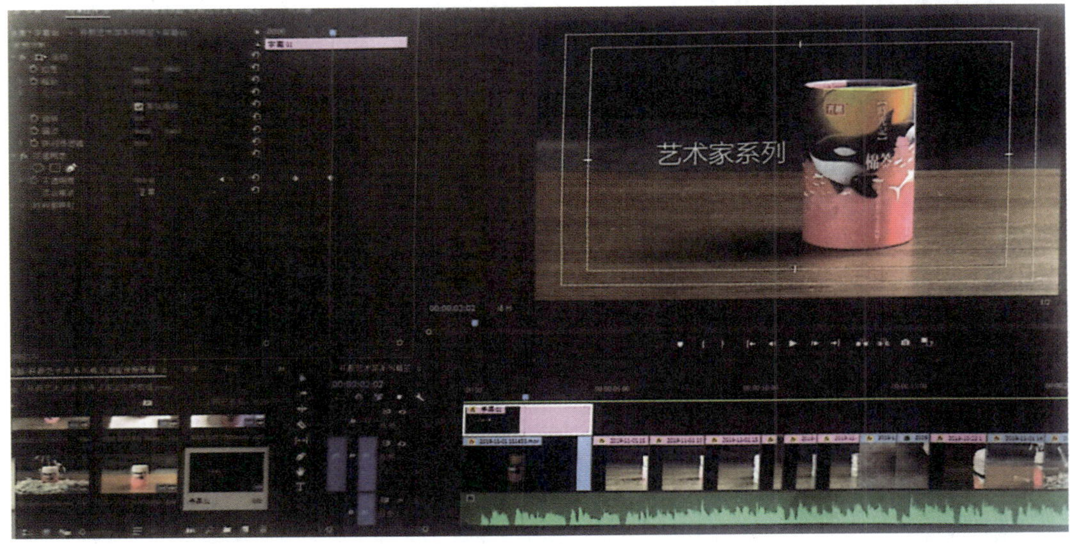


图 7-1-11 给字幕添加不透明度动画效果

图 7-1-12 不同的字幕效果

### 4. 添加转场效果

本案例主要使用 Premiere 中“视频过渡”效果进行转场效果的制作。

打开“效果”面板，逐一点开“视频过渡”－“溶解”文件夹，将“交叉溶解”效果拖动到第 1 个和第 2 个镜头的连接处，这样就可以在两个镜头之间增加叠化的过渡效果。如果需要调整过渡时间，也可以在时间轴上选中添加的“交叉溶解”过渡效果，在“效果控件”面板中，调整“持续时间”的长度，如图 7-1-13 所示。

图 7-1-13　视频过渡转场效果的制作

Premiere 有几十种视频过渡效果，在实际的制作过程中，可以根据需要来使用。这些短视频过渡效果还可用在字幕上，使用“交叉溶解”过渡效果放在字幕的开头和结尾处，就能制作出字幕淡入淡出的动画效果，如图 7-1-14 所示。

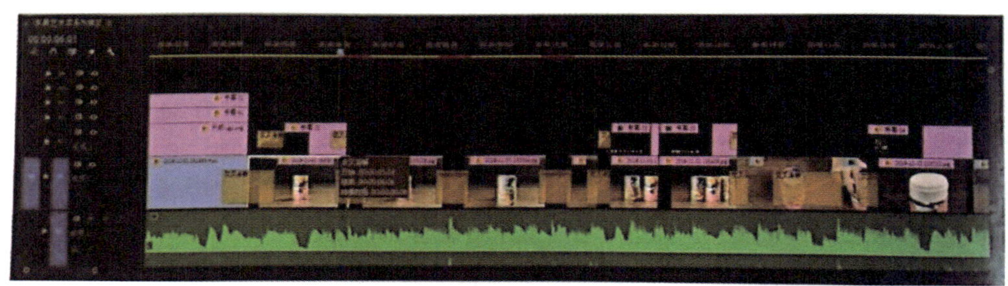

图 7-1-14　给字幕添加视频过渡效果

### 5. 基础调色和合成特效

执行“文件”－“新建”－“调整图层”命令，或者在“项目”面板的右下角，点击“新建项”－“调整图层”命令，然后在弹出的“调整图层”面板中设置参数，按“确定”按钮后会在“项目”面板中增加一个“调整图层”文件。用鼠标将调整图层拽到最上面的轨道上并拉长，使其完全覆盖住整个时间轴，这样只需要对调整图层进行设置，其覆盖下的所有素材就都会统一改变效果，如图 7-1-15 所示。

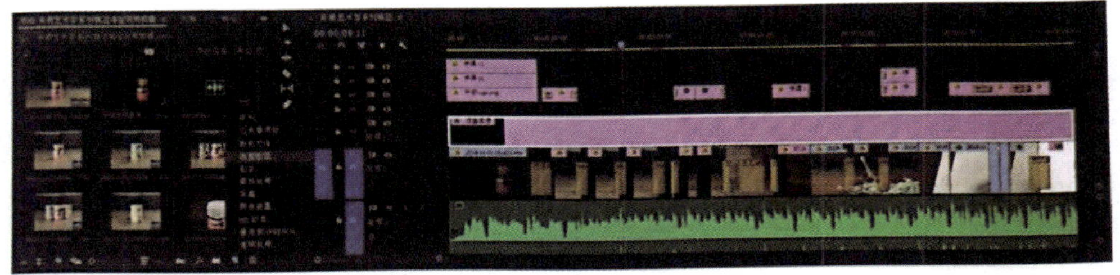

图 7-1-15　添加调整图层

### 6. 调整尺寸和最终输出

执行“文件”-“新建”-“序列”命令，在弹出的“新建序列”窗口中，选择“设置”面板，设置编辑模式为“自定义”，将“帧大小”设置为 810×1 080 像素，这样在高度不变的情况下，将画面比例调整为 3∶4 竖屏，按“确定”按钮，就在项目中新建了一个 3∶4 竖屏的新序列。

将之前剪辑的 1 080P 横屏序列拖到新序列的时间轴上，这时会弹出“剪辑不匹配警告”窗口，这是因为两个序列的尺寸不一致，Premiere 会询问以哪个序列的尺寸为准。如果点击“更改序列设置”按钮，就会以拖入的素材设置为准。但现在是要剪辑竖屏版本，因此要点击“保持现有设置”，这样就会以现在的竖版序列设置为准了。

接下来的操作就是序列套序列，把之前的横屏序列作为一个整体，放入新的竖屏序列中。这样在竖屏序列中，只会保留画面最中间的部分，其他部分就会被裁掉。拖动时间滑块可以发现有的镜头没有问题，但有的镜头中部分字幕会被裁掉，这种情况就需要回到原横屏序列中进行调整，以保证字幕的完整性，如图 7-1-16 所示。

图 7-1-16　竖屏序列中的显示效果

返回横屏序列中，对字幕显示不完整的镜头逐一调整。因为比例问题，有些字幕需要重新调整大小和位置。调整后要进入竖屏序列中进行观察，以确保字幕能够在画面中完整地展示出来，如图 7-1-17 所示。

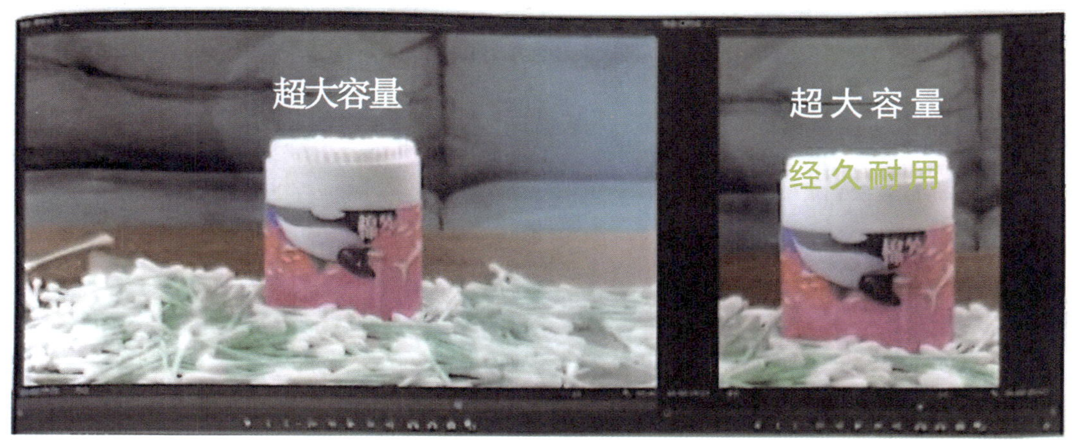


图 7-1-17 重新调整字幕位置

有些平台对上传的短视频尺寸有严格的要求。如果规定的尺寸大小和现有序列不匹配，但比例相同的话，可以在“导出设置”面板中，取消宽度和高度属性后面的勾选，就可以直接调整导出宽度和高度的数值了，如图 7-1-18 所示。

图 7-1-18 调整导出宽度和高度的数值

全部设置完成后，按“导出”按钮，就可以输出成片了。

# 学习单元 2　企业宣传短视频的策划案例

随着短视频的影响力越来越大，很多知名企业的宣传工作也开始由传统模式向短视频转型，通过把短视频投放到新媒体渠道进行宣传。

×× 汽车作为新兴的智能电动汽车品牌，也在不断尝试短视频的宣传模式。2018 年年底，×× 汽车在洛阳开设体验店，为了配合开店活动，需要为这个城市制作一部与蔚来汽车相关的短视频。该短视频被命名为《×× 汽车·豫城记》。

针对该短视频的主题，团队人员经过充分讨论，前期提出了 3 个方案，见表 7-2-1。

表 7-2-1　《×× 汽车 · 豫城记》短视频前期方案

| 序号 | 主题 | 形式 | 主要内容 |
| --- | --- | --- | --- |
| 1 | 两辆车的邂逅 | 古都洛阳，两辆 ×× 汽车分别在城市中行驶着，最后相遇 | 一男一女分别驾驶着两辆 ×× 汽车（颜色最好有区分）在城市之中行驶，擦车而过后又在路口偶遇 |
| 2 | 车主的一天 | 以车主为第一人称，再以 ×× 汽车为第一视角，展示车主作为精英阶层一天的生活 | 车主早晨进入车库，驾驶 ×× 汽车行驶在城市的道路上，通过车主上午的工作、下午的休闲、晚上的饮食，来展示洛阳这座城市的方方面面 |
| 3 | ×× 城市 | 将 ×× 汽车拟人化，以 ×× 汽车为第一视角，带着观众参观这座城市 | 第一段用快闪视频来整体介绍城市。第二段节奏放缓，×× 汽车缓慢行驶在路上，慢慢品味着这座城市。第三段画面速度加快，展现城市活跃的一面。第四段以航拍的视角展示城市的夜景 |

团队经过讨论，决定以方案 2，也就是以“车主的一天”作为入选方案。接下来，就要把该方案进行扩展，形成完整的文案。最终方案 2 的文案如下：

字幕：这是洛阳 4 000 多年历史中，普通一天的开始

栗子，×× 汽车 ×××× 号车主，洛阳人

栗子爱好广泛，是越野、马术、潜水、高尔夫球、空中瑜伽的狂热爱好者

最近，她又迷上了环游世界

今天，是她一年中，在洛阳为数不多的一天

车主（同期声）：上午要去白马寺转转，放松一下心情

字幕：白马寺，中国第一古刹，创建于东汉，距今已有 1 900 多年的历史

千年时光，仿佛在眨眼间一幕幕地飞逝而过

曾经的隋唐风华、丝路起源、河洛之根

灿烂的历史文化，也赋予了洛阳人兼容并包的基因

车主（同期声）：下午得锻炼锻炼，旅途中得有个好身体啊

字幕：栗子认为，无论做什么事，都要做到专业级别

在这个略显浮躁的世界中，总有些人要固执地认真下去

骑马、瑜伽、高尔夫球等，这些潮流运动，在洛阳这座传统的城市中，也被包容着、成长着

车主（同期声）：晚上会会朋友，又好久不见了

华灯初上，繁华如昔

当洛阳城被点亮后，隋唐盛世恍若眼前

始于唐代的洛阳水席，讲究有汤有水、味道多样，是洛阳人宴请朋友的不二之选

入夜，洛阳城才展现出它年轻的一面

这座城，就是世界

这座城，就是家

文案确定以后，就需要编写具体的拍摄脚本。在编写脚本之前，最好能去实地考察一下要拍的场景。例如拍摄洛阳，就需要去洛阳的各个拍摄地看一下，这样写出来的脚本才有可行性。《××汽车·豫城记》最终的短视频脚本见表 7-2-2。

**表 7-2-2　　《××汽车·豫城记》短视频脚本**

| 镜号 | 景别 | 画面内容 | 字幕 / 对白 | 时长（s） |
| --- | --- | --- | --- | --- |
| 1 | 远景 | 太阳慢慢升起，××汽车行驶在洛阳的路上，路过洛阳地标——九龙鼎 | 字幕：这是洛阳 4 000 多年历史中，普通一天的开始 | 10 |
| 2 | 中景 | 车主正在开车，车窗外是洛阳的老城区 | 字幕：栗子，××汽车××××号车主，洛阳人 | 5 |
| 3 | 近景 | 车主环游世界的照片、视频的快闪 | 字幕：栗子爱好广泛，是越野、马术、潜水、高尔夫球、空中瑜伽的狂热爱好者；最近，她又迷上了环游世界 | 12 |
| 4 | 远景 | ××汽车穿过老城区 | 字幕：今天，是她一年中，在洛阳为数不多的一天 | 5 |
| 5 | 特写 | 车主本人开车的镜头 | 车主（同期声）：上午要去白马寺转转，放松一下心情 | 5 |
| 6 | 近景 | 洛阳白马寺的镜头，展现出洛阳历史底蕴的一面 | 字幕：白马寺，中国第一古刹，创建于东汉，距今已有 1 900 多年的历史 | 8 |

续表

| 镜号 | 景别 | 画面内容 | 字幕 / 对白 | 时长（s） |
|---|---|---|---|---|
| 7 | 中景 | 车主和其他游客在白马寺游览的画面 | 字幕：千年时光，仿佛在眨眼间一幕幕地飞逝而过 | 6 |
| 8 | 特写 | 展示唐朝文化的文物特写，如画、书法、陶俑等 | 字幕：曾经的隋唐风华、丝路起源、河洛之根 | 5 |
| 9 | 特写 | 龙门石窟中各种佛像的镜头，重点拍佛像的头部，用大量的眼睛特写镜头作切换，传达被历史凝视的内涵 | 字幕：灿烂的历史文化，也赋予了洛阳人兼容并包的基因 | 5 |
| 10 | 特写 | 车主在车内的画面 | 车主（同期声）：下午得锻炼锻炼，旅途中得有个好身体啊 | 8 |
| 11 | 中景 | 车主在做各项活动的前期准备，如潜水前戴脚蹼，骑马前换马靴，健身前做各种拉伸准备活动 | 字幕：栗子认为，无论做什么事，都要做到专业级别 | 6 |
| 12 | 远景 | 洛阳城中，熙熙攘攘的人群、奔腾的黄河等镜头的切换 | 字幕：在这个略显浮躁的世界中，总有些人要固执地认真下去 | 8 |
| 13 | 中景 | 车主骑马、健身、潜水、打高尔夫球的画面 | 字幕：骑马、瑜伽、高尔夫球等，这些潮流运动，在洛阳这座传统的城市中，也被包容着、成长着 | 12 |
| 14 | 特写 | 车主在车内的画面 | 车主（同期声）：晚上会会朋友，又好久不见了 | 8 |
| 15 | 近景 | 车主和朋友们在车上欢声笑语地聊天 | | 10 |
| 16 | 中景 | 洛阳夜景的展示，蔚来汽车行驶在洛阳的夜色中，五光十色的霓虹灯将整个城市照亮 | 字幕：华灯初上，繁华如昔<br>当洛阳城被点亮后，隋唐盛世恍若眼前 | 10 |
| 17 | 特写 | 不同的楼体镜头，水席上各式菜的画面与车主和朋友们一起开心吃饭的画面切换 | 字幕：始于唐代的洛阳水席，讲究有汤有水、味道多样，是洛阳人宴请朋友的不二之选 | 12 |
| 18 | 特写 | 洛阳其他各色美食和车主与朋友们欢聚镜头的切换 | 字幕：入夜，洛阳城才展现出它年轻的一面 | 5 |
| 19 | 近景 | 车主和朋友们拥抱告别，上车 | | 5 |
| 20 | 中景 | ×× 汽车行驶在洛阳夜景中的画面 | 字幕：这座城，就是世界 | 5 |
| 21 | 近景 | 车到车库，车主下车，走向家中 | 字幕：这座城，就是家 | 10 |
| 22 | 定版 | 出现 ×× 汽车标志 | | 5 |

脚本完成以后，就可以进行拍摄了。因为是企业宣传片，对画面的质量要求较高，

所以使用了专业的摄像机作为主要拍摄设备，并设定了 4K 的拍摄画质，另外还使用了无人机进行航拍，如图 7-2-1 所示。

图 7-2-1 拍摄设备示意图

该短视频共拍摄了一周，拍摄近 1 TB 素材。

本案例中，× × 汽车品牌部门要求不加任何特效，这样要求的目的，是让观众能够不受任何影响，全身心地投入短视频的故事中，将注意力集中在情节、文案，以及蔚来汽车的产品和品牌上。

最终的成片长度是 2 分 45 秒，如图 7-2-2 所示。提交完成后，× × 汽车品牌部门还按照要求剪辑了几个不同的 10 秒版本，在微信朋友圈中发布引流。

图 7-2-2 《× × 汽车·豫城记》的成片截图

# 学习单元 3　不同行业短视频的营销案例

短视频作为一种新型的营销推广方式，在各行各业都有着广泛的应用场景。例如，在教育行业中，可以利用短视频平台制作课程介绍和教学视频；在文旅行业中，可以利用短视频展示旅游景点和旅游路线；在美妆行业中，可以利用短视频展示化妆技巧和产品试用效果等。下面以服装行业、餐饮行业、旅游行业、3C 与家电行业为例，分析不同行业短视频营销的具体应用。

## 一、服装行业短视频营销案例分析——×× 羽绒服

作为较早入场短视频平台的品类之一，服装行业的线上销售一直占据各短视频平台和直播平台的较大市场份额。×× 羽绒服成立于 1972 年，是一家国产服装品牌，因高性价比而受到用户喜爱。×× 羽绒服借助在快手、抖音等平台上的短视频营销和直播营销，成为销量暴增、市场占有率较高的服装品牌之一，这主要得益于以下几点。

### 1. 产品高性价比，适合短视频平台

在短视频平台，用户在短视频和直播中购买商品多带有一定的冲动消费心理，容易受主播话术、价格等因素影响。×× 羽绒服的高性价比特点比较符合短视频平台用户的消费特征。

### 2. 搭建品牌账号传播矩阵

×× 羽绒服在抖音和快手等平台布局了大量账号，这些账号不仅发布的内容不同，直播也不同步，做到了不同账号独立运营，如图 7-3-1 所示。

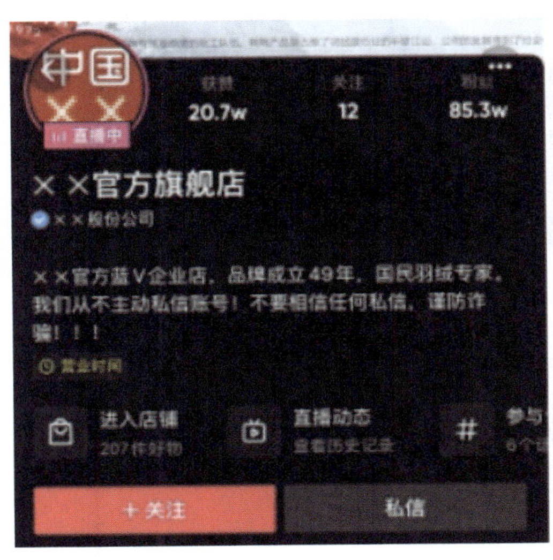


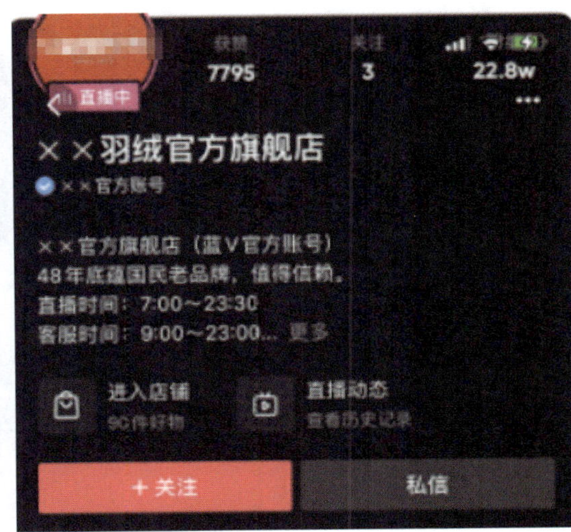


图 7-3-1　不同账号独立运营

### 3. 抓准时机，多平台多账号齐发力

每年 9 月，我国部分地区开始降温。× × 羽绒服抓准时机，在 2019 年 9 月入驻快手，并在全平台开始全天候直播，发布大量短视频引流至直播间，抓住羽绒服销售的先机，抢先一步占领了市场。

### 4. 高密度短视频引流直播

无论是在抖音平台还是在快手平台，× × 羽绒服的不同账号都发布了大量的短视频为直播间引流，某些账号甚至每天发布 6 个以上短视频。

## 二、餐饮行业短视频营销案例分析——武汉 × × 诚

× × 诚是一家包含老武汉经典场景和元素的沉浸式主题餐厅，在武汉有两家店铺，其南国中心店于 2021 年 12 月 18 日正式营业。在正式营业之前，抖音、快手等平台上已经出现了大量关于“打卡”× × 诚南国中心店的营销短视频。餐厅持续火爆，其依靠短视频平台营销获取了一段时期的客源。

× × 诚作为一家餐饮店，能在开业前后的短时间内吸引大量用户关注和众多用户排队“打卡”并自发分享宣传，主要得益于其短视频营销，如图 7-3-2 所示。× × 诚在短视频营销中主要做到了以下几点。

图 7-3-2 武汉 × × 诚短视频营销

### 1. 大量 KOL 集中“种草”

KOL 营销“种草”作为抖音营销中的重要一环，已经成为许多品牌实现营销目标的关键策略。

### 2. 复古式短视频氛围形成“爆款”

短视频是 KOL 营销种草的重要载体，因此创意短视频制作至关重要。在短视频中，

复古、怀旧热潮并不是刚刚兴起，而是持续热门的一个内容方向。

### 3. 沉浸式环境带动用户自发分享

沉浸感能够将用户带入一个引人入胜的情境中，让用户忘记营销意图，更自然地接受产品或服务的信息，甚至可以带动用户自发传播短视频内容。

### 4. 以优惠活动吸引用户

优惠活动是吸引用户的重要手段，商家可以通过设置优惠活动来吸引用户的眼球，提高店铺的曝光率和转化率。

## 三、旅游行业短视频营销案例分析——大唐不夜城

在近几年抖音热门旅游景区中，大唐不夜城景区都以高热度和高人气位列第一。在文化产业指数发布的各城市最具人气的夜游景区排行榜中，大唐不夜城也位居前列。

大唐不夜城的高热度和高曝光度直接带动了景区游客量的增加，而这得益于景区开展的大量短视频营销。大唐不夜城短视频营销的成功，主要在于做到了以下几点。

### 1. 开设官方账号，进行景区形象宣传

景区入驻各个内容平台，具备以下多个优势：

（1）可以和游客互动，保持和游客之间的联系，如图 7-3-3 所示。

（2）可以通过官方账号宣传景区，吸引游客“打卡”。

（3）可以通过官方账号售卖景区门票。

（4）可以在后期开展直播营销，通过直播直接宣传景区，并售卖景区商城中的商品。

图 7-3-3 大唐不夜城官方账户

### 2. 强化景区记忆点，打造“网红”景区

国内景区众多，要想吸引游客，就必须具有关于景区的独特记忆点，并不断强化这个记忆点，打造“网红”景区，如图 7-3-4 所示。

### 3. 优化短视频拍摄，集中宣传景区亮点

对于景区短视频的拍摄和剪辑，着重注意以下几点：

（1）根据景区特点选择合适的天气拍摄。

（2）选择无人或者人少的时候拍摄。

（3）用不同的设备拍摄不同的画面。

（4）突出体现景区特点。

（5）后期剪辑制作时注意采用合适的音乐和文案。

### 4. 以游客视角带入，激励游客二次传播

除了日常的风景宣传外，景区也可以从游客视角出发来制作短视频，如图 7-3-5 所示。景区可以以一定的福利活动吸引到景区旅游的游客拍摄关于景区风景的短视频，并将其发布到短视频平台或者社交平台上，激励游客二次传播，以增加景区自然流量，提高景区曝光度，吸引更多游客。

都去看！！！长安十二时辰真的绝了！
长安十二时辰保姆级游玩攻略（内含节目

图 7-3-4　大唐不夜城景区特色宣传

天上街市，梦回大唐—大唐不夜城端午游玩攻略
二十四时长安城，梦回大唐不愿归。

图 7-3-5　游客视角短视频

## 四、3C 与家电行业短视频营销案例分析——扫地机器人

近几年来，扫地机器人这种清洁类小家电逐渐受到用户的欢迎。公开数据显示，2021 年，我国扫地机器人的销量超过 800 万台，销售额超过 100 亿元，同比增长 15%。这些数据的背后是一系列短视频营销策略的深入应用。

### 1. 新品宣传类短视频

在新品推出阶段，短视频平台是一个绝佳的宣传阵地。通过制作精美、富有创意的短视频，可以迅速吸引用户的注意力，引发他们对新品的兴趣和好奇心。这类短视频通常会突出展示扫地机器人的独特功能、创新设计以及相比竞品的优势，从而建立起产品在用户心目中的初步印象，如图 7-3-6 所示。

图 7-3-6　扫地机器人新品宣传类短视频

### 2. 测评类短视频

测评类短视频是用户了解扫地机器人性能的重要途径。通过真实的测试场景和客观的评价，用户可以更加直观地了解产品的实际表现。这类短视频通常会涵盖扫地机器人的清扫效率、噪声大小、电池续航、智能避障等多个方面的测试，帮助用户全面了解产品的优缺点，从而做出更加明智的购买决策，如图 7-3-7 所示。

### 3. 场景应用类短视频

场景应用类短视频则是将扫地机器人放置在日常生活的具体场景中，展示其如何解决实际清洁问题。例如，在客厅、卧室、厨房等不同场景下，扫地机器人如何轻松应对各种垃圾和污渍的挑战。这类短视频通过模拟真实的使用环境，让用户更加直观地感受到产品的实用性和便利性，从而激发他们的购买欲望，如图 7-3-8 所示。同时，场景应用类短视频还可以结合生活小妙招或者加入幽默元素，增加短视频的趣味性和观赏性，进一步提升用户的观看体验。

图 7-3-7　扫地机器人测评类短视频

图 7-3-8　扫地机器人场景应用类短视频

## 实训任务

任务描述：

某旅游公司希望制作一个时长为 1 分钟的短视频来推广某个新的旅游目的地。请描述你会如何策划和制作这个短视频（包括创意构思、内容策划、拍摄制作、运营方式以及预期营销效果等），以吸引潜在游客并提升目的地知名度。

任务目标：

了解短视频在具体行业中的应用及重要性，强化短视频制作与运营的全过程。

## 思考与练习

1. 简述拍摄商品展示短视频需要注意的问题。
2. 在你看来，企业宣传短视频与传统广告有何区别？有哪些独特优势？
3. 如何通过短视频展示行业的特色？
4. 分析一个成功的行业短视频营销案例，指出其成功的关键因素。